Pascale Chabanet

Impacts des perturbations sur les poissons récifaux (Océan Indien)

Pascale Chabanet

Impacts des perturbations sur les poissons récifaux (Océan Indien)

Influence de l'environnement et des perturbations sur la structure des poissons récifaux dans l'Océan Indien occidental

Presses Académiques Francophones

Impressum / Mentions légales
Bibliografische Information der Deutschen Nationalbibliothek: Die Deutsche Nationalbibliothek verzeichnet diese Publikation in der Deutschen Nationalbibliografie; detaillierte bibliografische Daten sind im Internet über http://dnb.d-nb.de abrufbar.

Information bibliographique publiée par la Deutsche Nationalbibliothek: La Deutsche Nationalbibliothek inscrit cette publication à la Deutsche Nationalbibliografie; des données bibliographiques détaillées sont disponibles sur internet à l'adresse http://dnb.d-nb.de.

Coverbild / Photo de couverture: www.ingimage.com

Verlag / Editeur:
Presses Académiques Francophones
ist ein Imprint der / est une marque déposée de
AV Akademikerverlag GmbH & Co. KG
Heinrich-Böcking-Str. 6-8, 66121 Saarbrücken, Deutschland / Allemagne
Email: info@presses-academiques.com

Herstellung: siehe letzte Seite /
Impression: voir la dernière page
ISBN: 978-3-8381-7217-0

AVANT-PROPOS

Ce document est le mémoire que j'ai présenté en 2005 pour mon Habilation à Diriger les Recherches (HDR). Il inclut les principaux résultats de mes recherches conduites dans l'Océan Indien entre 1990 et 2005 à l'Université de La Réunion. Je tiens à exprimer mes sincères remerciements à tous ceux qui ont contribué à la concrétisation de ce travail.

HDR comme Hériter, Donner, Recevoir...
Tout ce que je sais, je l'ai appris de quelqu'un... évidence sans doute et manière de remercier les personnes qui ont positivé mon parcours personnel, guidé par des rencontres et des amitiés tissées au fil du temps :
Odile Naim... pour m'avoir aidée à concrétiser mes rêves en dessinant, à coup de pensées magiques, des petits bouts essentiels de mon chemin personnel...
Marc Soria... d'avoir poussé les murs d'ECOMAR pour poser son ordinateur à côté du mien. Ce fut alors le début d'une collaboration fructueuse et de plans au-delà de l'ordinaire que seule une grande amitié permet de concrétiser...
Emmanuel Tessier... qui a fait partie de tous ces plans, coopération constructive de longue date, qui a commencé sur la jonque d'Ernest à Geyser en 1996 et qui se poursuit actuellement sur les récifs artificiels de La Réunion...
Lionel Bigot... d'être la composante « corail » à laquelle je me suis souvent rattachée lors de mes missions dans l'Océan Indien... inoubliables moments, en passant de la fourchette aux fous rires...
Patrick Durville... alter ego des plongées « poissons », pour les moments « turquoise » dans les Iles Eparses...
Chloé Bourmaud, Nicky Bonnet et Pascale Cuet, les « lagoon's girls » avec lesquelles j'ai partagé, entre autres, des moments inoubliables à Juan de Nova...
Bernard Robineau d'avoir poussé notre « voilier » vers le « Caillou »...
Jocelyne Ferraris de m'avoir ouvert les portes d'un autre océan... si pacifique ...
Michel Kulbicki d'être rentré en Métropole après 20 ans de Calédonie en me laissant son bureau en héritage...
Je remercie sincèrement tous les étudiants que j'ai encadrés... avec une attention particulière pour Karine Pothin avec qui j'ai partagé l'aventure d'un doctorat avec tout ce qu'elle comporte... expériences qui nous poussent vers l'avant en conjuguant les verbes « chercher », « partager », « construire », « découvrir »...
Je remercie aussi les personnes qui ont permis la concrétisation des projets de recherche : Jean-Pascal Quod, principal investigateur de mes missions dans l'Océan Indien, et Rémy Tézier qui nous a fait découvrir Juan de Nova dans des conditions qui dépassent l'ordinaire...

Je remercie Mireille Harmelin, étoile « guide » de mes recherches... pour toutes ses connaissances qu'elle sait partager à merveille, avec tant de simplicité...
Je pense aussi aux « grands chefs indiens » que j'ai eu la chance de rencontrer sur mon chemin personnel... Nardo Vicente, initiateur de mon parcours universitaire, et Michel Amamieu qui a su « booster » ce parcours lors de mon doctorat.
Je remercie également Chantal Conand et Gérard Lasserre de m'avoir toujours encouragée dans mes recherches,
Catherine Alliaume, d'avoir accepté de juger ce travail...
Et tous les membres d'ECOMAR qui ont participé de près ou de loin à mes recherches...

Je remercie aussi tous mes amis qui font partie de mon énergie... ainsi que mes parents qui m'ont donné les moyens de concrétiser mes rêves...

Enfin... une attention très spéciale à Jean-Lambert pour avoir, entre autres, toujours encouragé mon âme de chercheuse de trésors ...

à Tanika, Lola et Elsa... mes plus précieux trésors...
Ce mémoire est une image ma vie au début de la vôtre. En espérant que ces histoires de poissons et de récifs coralliens vous intéresseront plus tard et vous permettront de connaître davantage la vie sous-marine de maman... une vie remplie de plaisirs minuscules pour un bonheur en majuscule...

SOMMAIRE

Introduction

Dans les eaux littorales de la zone intertropicale vivent de minuscules animaux coloniaux qui ont élaboré au fil des millénaires les plus importantes constructions réalisées par des êtres vivants. Ces animaux primitifs, appelés Scléractiniaires ou coraux constructeurs de récifs, sont à la base de l'écosystème marin le plus complexe, du fait de sa biodiversité élevée et de la multiplicité des voies du réseau trophique que celle-ci engendre. L'habitat corallien intègre à la fois une composante biotique, les organismes constructeurs (Scléractiniaires et algues calcaires principalement) et les bioérodeurs (Eponges, Annélides, Mollusques), et une composante abiotique, représentée par l'ensemble des facteurs physico-chimiques qui conditionnent la présence de ces organismes. Dans cette composante abiotique, sont aussi inclus les squelettes calcaires accumulés sur des milliers d'années par les organismes constructeurs à la base d'une barrière corallienne. Grâce à la variété de leurs microhabitats que le temps façonne, les récifs coralliens abritent une biocénose extrêmement diversifiée intégrant des dizaines de milliers d'espèces appartenant à tous les grands groupes du règne vivant (algues, Cnidaires, Mollusques, Arthropodes, Echinodermes, Vertébrés…), les poissons représentant les acteurs les plus visibles du spectacle sous-marin.

Les récifs coralliens bordent les côtes d'une centaine de pays dans le monde et couvrent une surface d'environ 600.000 km^2, dont près de 10% sont situés dans les DOM-TOM (Pichon, 1995). Depuis des siècles, les insulaires ont développé des relations étroites avec les écosystèmes récifo-lagonaires qu'ils utilisent. Les récifs coralliens constituent une source directe de nourriture pour près d'un milliard d'êtres humains qui vivent de poissons et d'autres ressources comestibles puisés dans ce milieu (Salvat & Rives, 2003). De nombreux pays en dépendent en terme de ressources économiques, à travers notamment la pêche (Polunin & Graham, 2003) et le tourisme (Blommenstein, 1985 ; Dixon *et al.*, 1995 ; Williams & Polunin, 2000 ; McClanahan *et al.*, 2005). Les récifs coralliens jouent ainsi un rôle socio-économique essentiel dans les pays insulaires tropicaux.

Mais, ces récifs sont aujourd'hui fortement menacés. L'augmentation de la démographie dans le monde entraîne une dégradation des zones littorales auxquelles sont associés ces milieux. Wilkinson (2002) estime que 10% des récifs dans le monde sont déjà irrémédiablement condamnés, 30% sont en sursis. De plus, 60% d'entre eux seront morts d'ici 2030 si leur destruction suit la cadence actuelle. Parmi les principales menaces qui pèsent sur ces écosystèmes, figurent les pressions anthropiques, accentuées par la croissance exponentielle de la population et toutes ses conséquences (pollution, urbanisation, surexploitation des richesses marines…). Les récifs côtiers, situés dans des zones à forte démographie, sont ceux qui subissent les plus grandes détériorations. Ces dernières décennies, l'exploitation des zones côtières a été accentuée par l'usage d'engins de pêche plus performants et une demande accrue des marchés. Cette situation a entraîné des situations de surpêche et des dégradations importantes des habitats coralliens (Wexler, 1994 ; Birkeland,

1996). Les perturbations anthropiques, souvent chroniques, ont un impact localisé et immédiat sur la frange littorale. En revanche, les pressions naturelles, comme les cyclones et le blanchissement corallien massif engendré par les changements climatiques, ont un impact sur ces milieux qui s'exerce indifféremment sur toutes les zones du récif, et sur toutes les îles tropicales, des plus isolées aux plus habitées. Ces dégradations entraînent, la plupart du temps, une diminution de la richesse spécifique et de l'abondance de l'ichtyofaune, et à terme une diminution des pêcheries associées (Harmelin-Vivien, 1992 ; Polunin et Graham, 2003). Ces perturbations peuvent provoquer des problèmes graves dans les pays où les poissons représentent la principale source de protéines des populations riveraines. Dans ce contexte, des mesures rapides de protection et de gestion des zones littorales s'imposent dans un souci de préservation de la biodiversité de l'écosystème corallien et de développement durable des activités qui en dépendent. Mais ces mesures nécessitent à la base des connaissances fondamentales sur l'environnement et les communautés associées aux récifs coralliens, ceci afin d'appréhender le mieux possible le fonctionnement de l'écosystème et leur résilience face à ces dégradations.

Ma problématique de recherche est axée sur l'influence des perturbations sur les récifs coralliens, et en particulier sur les peuplements de poissons récifaux. Ma zone géographique d'étude se situe essentiellement dans le sud-ouest de l'Océan Indien, avec des investigations plus importantes sur l'île de La Réunion, centre de mes activités de recherche de par mon appartenance à l'Université de La Réunion où je suis Maître de Conférences depuis 1996. Les récifs coralliens réunionnais sont de type frangeant, peu développés (12 km^2) et soumis à une forte pression anthropique (~ 760 000 habitants en 2005). L'association de ces caractéristiques rend ces récifs particulièrement vulnérables, et cette vulnérabilité peut-être accentuée par des perturbations naturelles de type cyclonique. Je me suis attachée au cours de mes recherches à analyser l'impact de ces perturbations, anthropiques et naturelles, sur la structure des peuplements de poissons récifaux. À travers mes missions dans Sud-Ouest de l'Océan Indien, j'ai pu travailler sur des récifs coralliens aux situations contrastées, qui se reflètent dans la géomorphologie récifale (récif barrière, récif frangeant, banc corallien), la superficie des récifs (25 km^2 à 1 500 km^2) et la pression anthropique exercée sur eux (forte à La Réunion et à Mayotte, quasi absente dans les Iles Eparses). Ces différentes situations m'ont permis d'acquérir une vision plus large du fonctionnement de l'écosystème récifal, et des facteurs responsables de la mise en place des peuplements ichtyologiques. C'est dans ce contexte général que se situe la problématique de ce mémoire intitulé :

« Influence des facteurs de l'environnement et des perturbations sur la structure des peuplements[1] de poissons récifaux dans le sud-ouest de l'Océan Indien »

---

[1] Le peuplement représente ici l'assemblage des espèces visibles par observations visuelles en plongée.

Les peuplements de poissons récifaux sont associés au milieu corallien par une série de facteurs qui les lient à ce milieu. La structure d'un peuplement en place peut-être expliquée par des facteurs abiotiques (hydrodynamisme, profondeur, exposition…) et biotiques, déterministes (compétition interspécifique pour la nourriture et l'abri, prédation) et stochastiques (recrutement, perturbation) (Sale, 1978; Harmelin-Vivien, 1989). Des variations de ces facteurs auront des répercussions sur les populations de poissons qui constituent le peuplement ichtyologique, leur degré de réaction étant fonction du type de perturbation agissant sur elles.

Pour appréhender la réactivité des populations ichtyologiques face aux changements de milieu, il est essentiel d'avoir au préalable : 1) une méthodologie adaptée pour suivre leur évolution au cours du temps ; 2) une bonne connaissance générale de leur diversité, donc une liste des espèces qui constituent ces peuplements. Ces impératifs ont été intégrés à mes recherches au cours de ces dernières années et mes objectifs scientifiques se répartissent selon trois axes principaux qui feront l'objet des trois chapitres de mon mémoire :

I. Méthodes de suivi appliquées à l'étude des poissons récifaux

II. Inventaire des poissons récifaux dans le Sud-Ouest de l'Océan Indien

III. Impacts des facteurs de l'environnement et des perturbations sur les populations et peuplements de poissons récifaux

III.1. Rôle de l'habitat pour les peuplements de poissons

III.2. Effets des perturbations naturelles (cyclones, blanchissement)

III.3. Effets des perturbations anthropiques (eutrophisation)

IV. Applications de mes recherches à la restauration, la gestion et la sensibilisation

Je terminerai mon mémoire par une partie une synthèse de mes résultats.

I. Méthodes de suivi appliquées à l'étude des poissons récifaux

Au cours de mes recherches, j'ai essentiellement échantillonné les peuplements ichtyologiques en utilisant des observations visuelles en plongée, technique développée au paragraphe suivant (I.1). Cette méthode présente de nombreux avantages, mais elle est aussi limitée par nos capacités :

- à percevoir un nombre important de signaux visuels en même temps, comme c'est le cas lorsque le milieu étudié comporte une forte densité en poissons. Dans ce cas, la vidéo, qui permet des arrêts sur image, peut être utile pour estimer le nombre d'individus présents dans ce milieu (I.2).
- à rester sous l'eau durant un temps non limité lors des plongées en scaphandre autonome. La vidéo peut être utile pour minimiser le temps d'échantillonnage *in situ* et augmenter le nombre de sites suivis dans un temps limité (I.2). De plus, l'acoustique à travers un système de réception en surface, permet de « voir » sous l'eau, de jour comme de nuit, et de suivre en continu le mouvement des poissons (I.3).

J'ai également travaillé sur d'autres méthodes d'approche des peuplements ichtyologiques, méthodes qui peuvent compléter les informations recueillies par observations visuelles en plongée, par vidéo ou acoustique. Elles ont été utilisées pour pallier certaines difficultés :

- à communiquer en tant que scientifique avec certains « usagers du lagon » afin d'estimer leur fréquentation sur les récifs coralliens. Une des solutions est d'utiliser un moyen « détourné » comme l'ULM ou les survols en avion qui permettent d'estimer directement la fréquentation du milieu par les usagers (I.4).
- à communiquer avec les gens de différents pays pour partager des connaissances et comparer des résultats obtenus sur un écosystème donné. Un des outils pour favoriser une collaboration est la mise en place d'un réseau régional et d'une méthode standardisée permettant la mise en commun des connaissances (I.6).
- à avoir une vue globale de l'écosystème en travaillant à l'échelle du transect et de la station. L'image satellite permet d'avoir une vue sur l'écosystème sur grande échelle (I.5).

Ces points seront développés dans les paragraphes suivants, en mettant l'accent sur l'apport des différentes méthodes avec lesquelles j'ai travaillé.

I.1. Observations visuelles directes en plongée (bilan)

La méthode principale que j'ai utilisée pour répertorier et quantifier les peuplements de poissons récifaux est basée sur des observations visuelles en plongée dont les avantages et désavantages sont connus (Harmelin-Vivien *et al.*, 1985; Bortone *et al* 2000). Cette méthode présente essentiellement l'avantage d'être non destructrice et de ne pas perturber les populations en place et le désavantage de n'échantillonner qu'une partie du peuplement (Harmelin-Vivien *et al.*, 1985). Toutes les méthodes de comptage à vue sont par définition limitées aux espèces visibles au moment de l'échantillonnage, occultant ainsi une partie du peuplement en place. Mais cet inconvénient est moins gênant dans le cadre d'études dont l'objectif premier n'est pas un inventaire précis de la zone, mais une comparaison spatiale ou temporelle entre peuplements ichtyologiques appartenant à différentes zones d'échantillonnage et/ou sites d'étude. Dans le cas d'études comparatives, les relevés *in situ* doivent être faits dans les mêmes conditions : entre 9 et 15 H lorsque le peuplement diurne est bien établi et dans des « bonnes » conditions environnementales (ensoleillement, visibilité, houle,...) afin de réduire les biais dus aux variations naturelles des peuplements de poissons (Harmelin-Vivien *et al.*, 1985).

En fonction des objectifs de l'étude, différentes méthodes d'observations visuelles en plongée sont utilisées pour recenser les peuplements ichtyologiques *in situ* : transects (couloir fixe ou distances variables), points fixes ou parcours aléatoires. Ces recensements nécessitent une bonne connaissance des espèces présentes dans le milieu, notamment lors des comptages, pour minimiser le temps entre l'observation d'une espèce et sa retranscription sur plaquette. Sur les récifs coralliens peu connus, il est souvent nécessaire de faire un pré échantillonnage (apnée, bouteille) des zones d'étude et d'établir un inventaire des espèces présentes dans le milieu avant de faire des comptages sur transect. Pour l'identification des espèces ichtyologiques récifales de l'Océan Indien, je me réfère essentiellement aux ouvrages de Smith et Heemstra (1986), de Allen et Steene (1987), de Myers (1989) et de Lieske & Myers (1995).

Au cours de mes recherches, la méthodologie que j'ai employée est basée sur des parcours aléatoires pour les études qualitatives et semi-quantitatives (inventaire, estimation de la richesse spécifique et de l'occurrence des espèces) et sur des transects à largeur fixe pour les études quantitatives (comptages, estimation de la densité et de la biomasse).

➢ *Parcours aléatoire*

Le parcours aléatoire est une plongée dont le cheminement est indéterminé, tout en restant sur un biotope donné. Cette technique est assez performante pour étudier la composition des peuplements ichtyologiques ; elle permet d'augmenter la probabilité de rencontre des espèces errantes ou fuyantes, plus difficilement observables par la méthode des transects fixes (Galzin, 1979,

1985). Dans les milieux récifaux peu connus, il peut être judicieux de combiner le pré-échantillonnage (détermination des espèces présentes dans le milieu) avec un parcours aléatoire durant un temps défini à l'avance afin de pouvoir dresser un inventaire et en même temps comparer la richesse spécifique des peuplements de poissons entre différentes zones. Lors des études que j'ai effectuées en milieu corallien, le temps du parcours variait de 30 à 50 min selon la diversité des milieux, par exemple 30 min pour l'arrière récif d'un récif frangeant et 50 min pour une pente externe. Les parcours aléatoires sont donc essentiellement utilisés pour des études qualitatives (présence/absence).

Pour rajouter une information complémentaire aux parcours aléatoires, il est possible d'attribuer à chaque espèce un indice semi quantitatif basé sur le temps nécessaire pour pouvoir observer l'espèce. Par exemple si le parcours aléatoire dure 50 minutes, les espèces peuvent être notées par période de 10 minutes et se voir attribuées un indice de 5 à 0. Une espèce observée au bout de 10 min se voit attribuer un indice de 5, de 20 min un indice 4, ainsi de suite jusqu'à l'indice 1 pour une espèce observée au bout de 50 min ; si l'espèce n'est pas observée, elle aura un indice égal à 0. Cette méthode est efficace pour estimer l'abondance relative d'une espèce (occurrence) dans un milieu ; elle est basée sur l'hypothèse que plus l'espèce est observée tôt dans le parcours, plus elle serait abondante dans le milieu. Il est également possible de noter la taille des individus, paramètre intéressant dans le cadre d'un suivi de l'effet réserve. Par exemple, une population ciblée auparavant par la pêche devrait voir la taille moyenne de ses individus augmenter avec le temps. Ainsi, « l'effet réserve » pourrait s'observer dans cette population par l'augmentation de la fréquence d'occurrence de l'espèce mais aussi de la taille moyenne des individus qui la composent. Dans le cas du suivi de l'effet réserve à La Réunion, c'est cette méthode semi quantitative que nous avons choisi d'appliquer.

➢ *Transect*

La méthode des transects (« belt transect ») permet, à travers une surface déterminée, d'estimer l'abondance et la biomasse des espèces par unité de surface (étude quantitative). Lors de mes études dont l'objectif était d'estimer les peuplements sur des zones géomorphologiques définies, les données quantitatives ont été collectées sur des transects positionnés parallèlement à la plage pour éviter de recouper différents biotopes ayant des populations de poissons différentes. La surface prospectée variait de 100 m^2 (50 x 2m) à 250 m^2 (50 x 5 m) selon la diversité du milieu et/ou les espèces ciblées. Typiquement, pour les milieux très diversifiés et pour quantifier les espèces sédentaires, inféodées à une colonie corallienne (ex. Pomacentridae), le couloir de 2 m est le plus approprié. Par contre, pour quantifier les espèces plus mobiles, le couloir de 5 m est recommandé. Une surface prospectée de 250 m^2 est, à mon avis, un bon compromis dans une étude prenant en compte tout le peuplement « observable ». Si l'objectif de l'étude est uniquement un suivi de populations d'espèces mobiles (Lethrinidae, Siganidae, Scaridae, Lutjanidae, Acanthuridae...) et si la visibilité du milieu est suffisante (> 10 m), on peut quantifier les espèces sur un couloir de 10 m de large en augmentant ainsi la probabilité de rencontre des espèces. Cette augmentation de la surface prospectée peut être intéressante pour les espèces errantes ou farouches, qui le deviennent d'autant plus que le milieu est fortement pêché. Néanmoins, le fait d'augmenter la probabilité de rencontre n'augmente pas pour autant l'efficacité de la technique ; à priori, moins une espèce est abondante dans un milieu, moins elle sera comptabilisée que ce soit sur une aire de 250 ou 500 m^2.

Afin de faciliter le dénombrement des individus dans un écosystème riche en espèces (cas du récif corallien), le comptage est décomposé en plusieurs passages successifs en prenant en compte les comportements des espèces (Galzin, 1985). Le choix des espèces à dénombrer en fonction des passages dépend des milieux rencontrés. De manière classique, je prends en compte la majorité des espèces durant mon premier passage, à l'exception de celles particulièrement abondantes, variables selon les milieux. Ces espèces appartiennent le plus souvent aux Acanthuridae et aux Pomacentridae. La famille des Pomacentridae, dont les espèces sont essentiellement territoriales, sera prise en compte, si besoin est, lors du dernier passage. Au début de mes études, je réalisais mes comptages en utilisant les classes d'abondance sur une base logarithmique (1, 2, 3-5, 6-10, 11-30, 31-50, 51-100,...) (Harmelin-Vivien et Harmelin, 1975 ; Bouchon-Navaro, 1980, 1981), la valeur médiane étant attribuée à la classe (1, 2, 4, 8, 20, 40, 75,...) lors de l'analyse de données. Si cette méthode permet de gagner du temps et d'éviter certains biais surtout pour les classes d'abondance élevée, elle peut aussi « dégrader » une partie de l'information. Avec l'expérience, je préfère aujourd'hui faire des comptages à l'unité pour des abondances < 50 individus, à la dizaine la plus proche pour les abondances > 50 individus, à la centaine la plus proche pour des groupes > 500 individus, tout en ayant conscience que plus les densités sont importantes, plus les limites des comptages par observations directes se font sentir.

I.2. Apport de la vidéo à l'estimation des populations de poissons tropicaux autour d'un récif artificiel.

Les observations visuelles directes en plongée montrent leurs limites notamment lorsque les différentes populations en place comportent de nombreux individus et que ces derniers sont concentrés dans un petit volume. C'est le cas par exemple sur les récifs artificiels aménagés en zone côtière à La Réunion, et installés pour attirer et capturer des petits poissons pélagiques économiquement importants pour la pêcherie locale, essentiellement des Carangidae. Ces récifs artificiels fonctionnent comme des DCP (Dispositif de Concentration de Poissons) et attirent en forte densité des juvéniles de poissons coralliens (plusieurs dizaines d'individus par m^2), spécialement au moment du recrutement. Il devient alors difficile d'estimer les densités de ces populations par observations visuelles. Face à cette problématique, j'ai mis en place un stage de DEA (Lacour, 2000) dont l'objectif était de mettre au point un protocole pour étudier la diversité et l'abondance des peuplements ichtyologiques associés à ces récifs artificiels. L'utilisation de la caméra vidéo, en complément de méthodes plus classiques (méthode visuelle directe, pêche, échosondeur), a été testée ponctuellement dans le cadre de ce DEA [R15][2]. La méthodologie a ensuite été améliorée et utilisée en routine lors de la thèse d'E. Tessier [A10, C4, R17]. Dans le cadre de cette thèse, une expérience *in situ* a été menée durant un an afin de tester deux méthodes visuelles d'évaluation, par enregistrement direct sur plaquette et par vidéo, pour déterminer laquelle serait la mieux adaptée sur les récifs artificiels. Les méthodes ont été testées pour des évaluations qualitatives (richesse spécifique) et des évaluations quantitatives (nombre d'individus par espèce) en prenant en compte l'influence du comportement de l'espèce sur les résultats. Ainsi chaque espèce a été associée à un « groupe écologique » défini en fonction de sa position verticale dans la colonne d'eau et par rapport au récif (Nakamura, 1985). Le premier groupe (type A) comprend les espèces qui sont en contact direct avec le récif et occupent souvent les cavités, ou anfractuosités (Apogonidae, Serranidae, Scorpaenidae, Aulostomidae, Plotosidae). Le second groupe (type B) comprend les espèces présentes à proximité du récif, mais qui ne sont pas en contact direct avec lui (Lutjanidae, Priacanthidae, Mullidae). Le troisième groupe (type C) comprend les espèces rencontrées autour du récif en pleine eau ou dans la zone pélagique (Carangidae, Caesionidae). Plus de 50 échantillonnages ont été réalisés sur une année à une fréquence mensuelle, voire bimensuelle. Je vais présenter ici les principaux résultats retirés de ces expérimentations.

L'étude a été menée dans la baie de St-Paul où des récifs artificiels, construits avec des modules identiques (250 m^2 chacun), ont été installés à une profondeur de 15 mètres et à 400 mètres de la côte (Figure 1).

---

[2] Les références citées [A, B, C ou R] correspondent à mes publications (voir annexe 1).

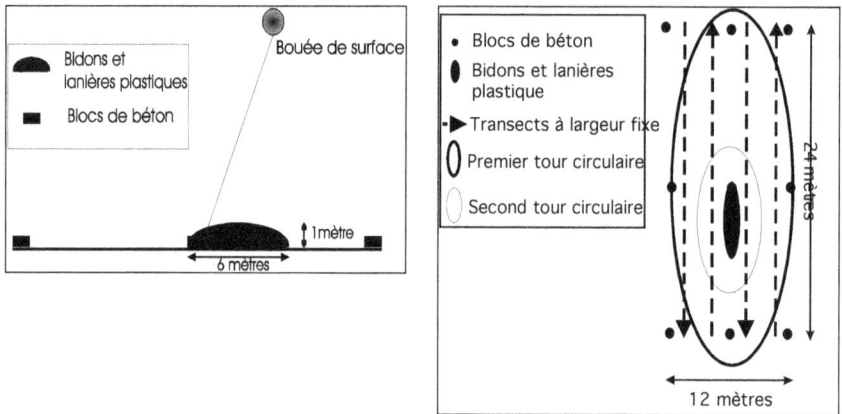

Figure 1 - Site d'étude et protocole d'échantillonnage. A : vue latérale de la structure artificielle, B : vue de dessus avec parcours suivis durant les études qualitative (tours circulaires) et quantitative (transects).

Pour chaque type d'étude (qualitative et quantitative), les suivis vidéo et recensements directs sur plaquette ont été effectués avec le même le protocole d'échantillonnage.

L'étude qualitative a été effectuée en réalisant deux circuits autour du récif, un à une distance de 6 à 12 mètres de la partie centrale du récif et le second à 1-2 mètres du centre afin de localiser les différentes espèces présentes sur le récif artificiel (Charbonnel *et al*, 1995 ; Bombace *et al.*, 2000). Un pourcentage d'occurrence de chaque espèce a été obtenu en utilisant l'échelle proposée par Charbonnel *et al* (1995) : espèces permanentes (>75%), espèces fréquentes (50 à 74,9%), espèces occasionnelles (25 to 49,9%) et espèces rares (<25%). Afin de déterminer les espèces qui avaient le même taux de détection par vidéo et par observations directes sur plaquette, les occurrences par espèce et par groupe écologique ont été comparées en utilisant l'indice de Sørensen (S) qui va de 0 à 1 (Legendre et Legendre, 1998). Les résultats montrent que la technique sur plaquette est la plus appropriée pour déterminer la richesse spécifique. Sur les 66 espèces enregistrées par les deux techniques, 47 ont une plus grande probabilité de rencontre (occurrence) par recensement sur plaquette, 8 par vidéo et 11 ont exactement la même occurrence par les deux méthodes (Tableau I).

Tableau I - Nombre d'espèces (écart-type) par catégorie d'occurrence et par type écologique (A, B, C). A : espèces ayant un contact direct avec le récif, B : espèces trouvées à proximité du récif, C : espèces trouvées en pleine eau, $\sum$: somme des espèces. Catégories d'occurrence des espèces : > 75% = permanentes, 50 - 74,9% = fréquentes, 25 - 49,9%= occasionnelles, < 25% = rares [A10].

	Comptage visuel				Comptage Vidéo			
	A	B	C	$\sum$	A	B	C	$\sum$
>75%	2	11	1	14	-	4	-	4
50-74,9	3	3	1	7	3	6	1	10
25-49,9	3	11	1	15	5	6	2	13
<25%	14	31	2	47	11	28	3	42
$\sum$ nombre d'espèces	22	56	5	83	19	44	6	69
Nombre moyen d'espèces	5,7	18,0	1,9	25,6	4,3	12,2	1,4	17,9
Ecart type	(2,6)	(4,2)	(0,9)	(6,4)	(2,9)	(3,9)	(0,9)	(7,8)

La valeur moyenne globale de l'indice de Sørensen est de 0,72 (± 0,07), ce qui montre une relative adéquation entre les deux méthodes pour détecter les espèces. Les valeurs moyennes de cet indice ne sont pas significativement différentes pour les groupes d'espèces B et C ; ce qui n'est pas le cas pour le groupe A. Ce résultat montre que les différences détectées entre les deux méthodes sont en partie liées au groupe écologique auquel appartient l'espèce.

Pour **l'étude quantitative**, les données ont été récoltées en utilisant la méthode des transects. Une surface a été balisée pour faciliter les déplacements des plongeurs autour du récif artificiel (Buckley et Hueckel, 1989) et, dans les recensements par vidéo, pour obtenir une surface connue pour les estimations de densité lors de l'analyse des images (Auster *et al.*, 1989; Michalopoulos *et al*, 1992). Une trame en cordage a été installée sur le fond pour matérialiser 4 transects fixes (24 x 3 m chacun). Les plongeurs suivent chaque transect en appliquant successivement la méthode vidéo puis la méthode sur plaquette. Pour le recensement par vidéo, un protocole utilisant les enregistrements vidéo numériques a été développé lors du stage de DEA de F. Lacour (2000). Chaque transect (24 x 3 m) a été divisé en 8 mailles correspondant au champ de vision de la caméra (3 x 3 mètres). La trame entière comprenant 32 (4 x 8) mailles de 3 x 3 mètres. Le caméraman filme le transect à une hauteur de 3 mètres du fond et à une vitesse de nage de 0,3 m/s, conditions optimales pour alléger le traitement des images. En effet, dans ces conditions, sur 5 secondes consécutives, il n'y a pas de différence significative du nombre de poissons comptés par maille pour des densités allant de 3 à 60 individus /m^2. En conséquence, lors du traitement des images, toutes les 5 secondes le film est arrêté et les poissons comptés, et ceci, jusqu'à la fin du transect afin d'obtenir le nombre total d'individus présents sur la surface d'étude [A10, R15]. Le dénombrement a été fait grâce à un quadrillage de l'image sur l'écran d'ordinateur. Les individus ont été déterminés au niveau spécifique lorsque c'était possible.

La détermination des similarités entre les estimations par plaquette et par vidéo pour chaque espèce a été recherchée par le coefficient de similarité de Gower (Si) (Legendre & Legendre, 1998). Ce coefficient a été testé en fonction de 4 types de variables indépendantes et intrinsèques à l'espèce: "le groupe écologique" (type A, B, C), "l'attractivité poisson/plongeur" (positive, neutre, négative), "le contraste" ou la détectabilité de l'espèce par rapport au fond (élevé ou faible) et "la classe d'abondance" à laquelle a été recensée l'espèce (0-10, 10-100; 100-1000, > 1000 individus). Les résultats montrent que toutes les variables utilisées (« groupe écologique », « attractivité poisson/plongeur », « classe d'abondance ») ont une influence sur la similarité (Si) à l'exception du « contraste ». La « classe d'abondance » est le principal facteur affectant la similarité. Plus l'abondance globale est forte, moins la similarité est élevée, la différence étant particulièrement significative pour la plus forte classe d'abondance (>1 000, Si = 0,46). En tenant compte du type écologique, il apparaît que les abondances sont supérieures en vidéo pour les espèces de type B, notamment pour *Priacanthus hamrur*. Cette espèce a donc des caractéristiques idéales (robe rouge et contrastée par rapport au fond, immobilité) pour être suivie par vidéo.

Les 13 espèces permanentes (occurrence > 75%) observées tout au long du suivi avec la méthode d'observation visuelle directe sur plaquette, ont été sélectionnées pour calculer un indice de corrélation entre les méthodes vidéo et sur plaquette. Pour 9 d'entre elles, il existe une corrélation significative entre les abondances obtenues par les deux méthodes. Enfin, les ajustements linéaires entre les deux jeux de données ont été comparés jusqu'à obtenir une bonne corrélation entre les ajustements des pentes des deux modèles linéaires Ainsi sur les 9 espèces, 6 ont été sélectionnées : *Priacanthus hamrur, Lutjanus bengalensis, L. kasmira, Mulloidichthys vanicolensis, Chaetodon kleinii, Heniochus diphreutes*. Pour ces espèces, les ajustements linéaires sont bons ($R^2 = 0,98$ pour la vidéo et $R^2 = 0,83$ pour la plaquette). Néanmoins, les comptages vidéo sous-estiment l'abondance, spécialement pour les valeurs < 100 individus (Figure 2).

Afin de réduire les différences entre des données obtenues par les deux méthodes pour ces 6 espèces, un indice correcteur quantitatif vidéo a été calculé à partir des abondances relevées par observations directes en plongée :

Ln visuel = 0,827 * Ln vidéo + 1,017   (avec $R^2 = 0,86$)

L'indice correcteur proposé permet d'utiliser aussi bien les observations directes par plaquette que la vidéo pendant les suivis de ces espèces. Il faut souligner que *Priacanthus hamrur, Lutjanus bengalensis, L. kasmira* et *Mulloidichthys vanicolensis,* offrent un réel intérêt pour les pêcheries locales (forte abondance et valeur commerciale élevée). Seule l'espèce *Mulloidichthys flavolineatus* (capucin), qui a une forte valeur pour la pêcherie locale, ne peut pas être prise en compte dans le suivi en utilisant la méthode vidéo car le contraste avec le sable noir est insuffisant.

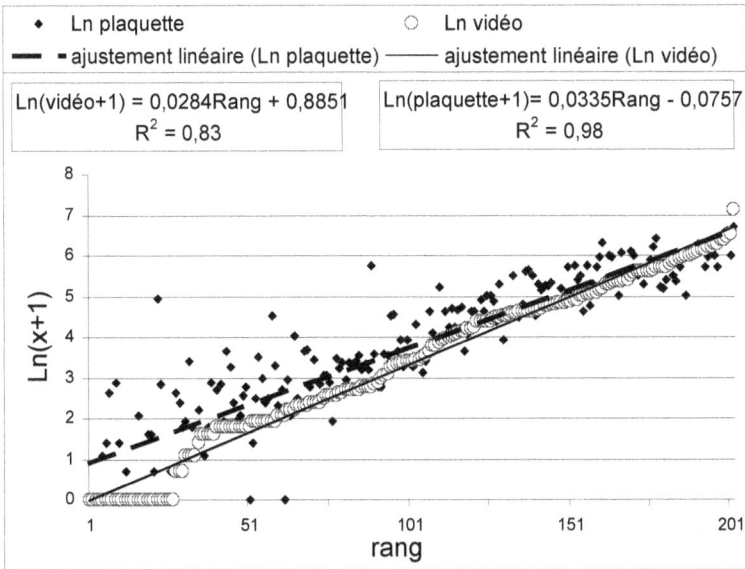

Figure 2 - Valeurs de Ln(vidéo+1) (symboles : cercles) rangées en ordre ascendant et valeurs correspondantes Ln(plaquette+1) (symboles : losanges), des ajustements linéaires pour Ln (vidéo +1) (trait plein) et des ajustement linéaire pour Ln (plaquette+1) (ligne pointillée) [A10].

Une analyse des données, plus ciblée sur des arrivées massives autour des récifs artificiels (abondance > 10 000 individus/récif artificiel), a montré des différences d'abondance importantes au moment de l'installation de *Gnathodentex aureolineatus* (Lethrinidae) et *Priacanthus hamrur* (Priacanthidae) entre les données enregistrées sur plaquette (10 000 et 5 000 ind. respectivement) et par vidéo (32 000 et 18 000 respectivement) [C4]. Selon la technique utilisée, le suivi de la mortalité post-installation de ces juvéniles, avec un pas d'échantillonnage de 3 à 4 jours, montre des taux de mortalité très différents au cours du temps, notamment pendant les 10 jours suivant l'installation (Figure 3). Durant cette phase d'installation (densité >10 000 individus), les estimations d'abondance sont de 2 à 3 fois plus importantes par vidéo que par recensement direct par plaquette, sans qu'une proportionnalité relative n'apparaisse entre les deux estimations (taux video/plaquette variable, moyenne : 2,59 ± 0,93). Entre 10 000 et 1 000 individus, il y a une bonne proportionnalité qui se dégage entre les deux méthodes même si les estimations sont toujours plus fortes avec la vidéo (taux video/plaquette stable : 1,67 ± 0,21). Les différences entre les deux méthodes diminuent lorsque les abondances se rapprochent de 1 000 individus.

Les taux de mortalité post-installation seront donc différents selon les méthodes choisies, la vidéo détectant un taux de mortalité significativement plus fort par rapport à la méthode d'observation directe sur plaquette.

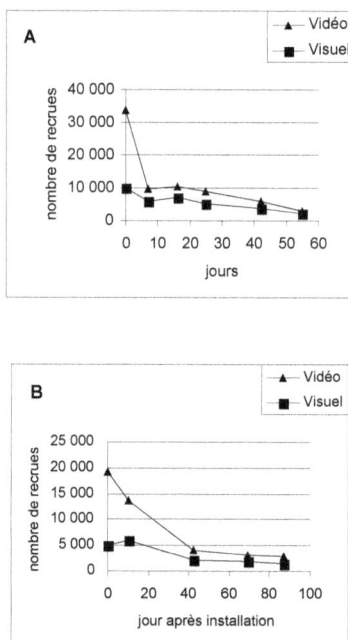

Figure 3 - Evolution de l'abondance des juvéniles après deux recrutements en masse. A : *Gnathodentex aureolineatus* (2000), B : *Priacanthus hamrur* (2001) [C4].

Dans le débat agrégation *versus* production sur les récifs artificiels (Jensen, 1997; Pickering et Whitmarsh, 1997), une bonne connaissance de la dynamique des populations en place est essentielle. Si les populations de poissons sont « détournées » d'un milieu naturel (ex. récifs coralliens) vers un milieu artificiel (ex. récifs artificiels), ceci est considéré comme une redirection de l'installation qui ne changera en rien la production globale du milieu, sauf si la survie des juvéniles est favorisée dans le milieu artificiel. Si c'est le cas, la production globale du système sera améliorée. De plus, un recrutement massif permet de tester si la survie des juvéniles est dépendante de leur densité à l'installation, ainsi que les capacités d'accueil d'un milieu, paramètres essentiels pour évaluer la pertinence des récifs artificiels dans la gestion des écosystèmes. Dans ce contexte, l'utilisation de la vidéo offre un réel intérêt pour améliorer l'estimation des taux de mortalité des recrues après une phase d'installation massive, taux sous estimé dans notre étude par la méthode d'observation directe en plongée [C4].

Afin d'obtenir une meilleure compréhension de la dynamique d'agrégation de poissons, plusieurs méthodes peuvent être utilisées simultanément. Dans le cadre de notre étude, l'observation visuelle directe retranscrite sur plaquette est la technique la plus précise pour déterminer la diversité spécifique du peuplement, en particulier pour les espèces difficiles à détecter par vidéo en raison de leur comportement. Néanmoins, la technique vidéo est très utile dans certaines conditions, notamment pour le suivi de la mortalité post-installation des juvéniles lors d'un recrutement massif (abondances > 10 000 individus) et de populations ayant de fortes densités (entre 1 000 et 10 000 individus) ; les estimations étant toujours plus élevées par vidéo que par observations visuelles directes en plongée. Dans le cadre de suivis réguliers d'espèces d'intérêt halieutique, comme c'est le cas de Lutjanus kasmira, L. bengalensis, Priacanthus hamrur et Mulloidichthys vanicolensis à La Réunion, la vidéo peut être utilisée en routine associée à un indice visuel d'abondance qui permetra de corriger la sous-estimation obtenue par vidéo sur ces espèces, notamment pour des abondances <100 individus . De plus, la technique de recensement par vidéo permet d'éviter la présence d'un ichtyologiste pendant l'échantillonnage et d'acquérir plus de données dans l'espace et le temps, presque sans contrainte si ce n'est celle de l'analyse d'images qui pourrait être automatisée dans le futur.

I.3. Apport de l'acoustique pour le suivi des mouvements des poissons autour d'un récif artificiel

En complément des méthodes d'observations visuelles, j'ai utilisé des méthodes acoustiques dans le cadre de mes recherches sur les récifs artificiels de la Réunion, grâce une collaboration avec M. Soria (IRD Réunion), spécialiste en la matière. Cette collaboration, initiée lors du stage de DEA de F. Lacour (2000), s'est poursuivie avec le programme SEOM (Secrétariat d'Etat à l'Outre-Mer) *« Analyse comparative du comportement grégaire des espèces de poissons côtiers tropicaux dans la zone Indo-Pacifique »* que nous avons initié et dirigé ensemble, M. Soria en ayant la responsabilité officielle. L'objectif de l'étude était de mesurer les effets des récifs artificiels sur la structure des communautés de poissons, et plus particulièrement sur deux espèces grégaires d'intérêt commercial, une espèce pélagique (*Selar crumenophthalmus* ou « pêche cavale »*)* et une espèce démersale (*Lutjanus kasmira* ou « ti-jaune »). Cet objectif s'intègre à une problématique plus globale développée dans le cadre de la thèse E. Tessier sur le fonctionnement des récifs artificiels et leur rôle sur les espèces qui y sont associés. *L. kasmira* est une espèce de première importance pour la pêcherie artisanale côtière à la Réunion (25% des prises totales en biomasse) et constitue une des espèces cibles suivies par E. Tessier dans le cadre de sa thèse. C'est également dans le programme SEOM que s'intègre le DEA de J. Devakarne (2004) sous ma responsabilité et qui avait comme objectif d'étudier le comportement exploratoire du *L. kasmira*. Les premiers résultats ont donné lieu à des communications dans des congrès internationaux [R29, R30]. Ce sont les résultats obtenus sur *L. kasmira* que je présenterai ici de manière succincte.

L. kasmira forme de larges agrégations pendant la journée et tend à se disperser la nuit à la recherche de nourriture (poissons, crustacés, céphalopodes et zooplancton). À la Réunion, on retrouve les juvéniles sur la pente externe autour des massifs coralliens ou sur les structures artificielles de la Baie de St-Paul. *L. kasmira* est une des espèces observées de manière permanente dans les suivis effectués dans le cadre de la thèse d'E. Tessier [A10]. Elle colonise les structures artificielles au moment de l'installation (LT = 4 cm) et y reste jusqu'à atteindre 15 cm de LT (maturité sexuelle à 20 cm). Même si cette espèce est observée près des récifs artificiels durant la journée, l'amplitude de ses mouvements durant le cycle nycthéméral est inconnu.

Les observations des comportements des poissons à micro-échelle sont effectuées grâce au système acoustique HTI (High Technology Instruments), novateur en milieu marin et utilisé pour la première fois en milieu tropical. Ce système permet de suivre, autour du récif artificiel, dans l'espace et dans le temps, la position en trois dimensions de chaque poisson marqué, grâce à un réseau de stations acoustiques (hydrophones) qui délimite le site étudié. Le système utilisé dans notre étude fonctionne avec 5 hydrophones, un central et 4 périphériques aux 4 coins d'un carré de 100 mètres de côté. Ces stations d'écoute « passives » sont fixées soit sur le fond, soit en pleine eau ou en surface, et sont reliées par câble à une unité centrale embarquée (récepteur HTI). La position verticale des hydrophones, alternée entre surface et fond (10-15 m), permet d'obtenir une précision optimale des positions des poissons marqués. Ce système permet de détecter la présence d'un individu marqué dans un rayon de 200 à 300 mètres autour d'une station d'écoute. Des observations complémentaires : observations simultanées par caméra sous-marine et acoustique (sonar Reson multifaisceaux et sondeur Simrad EK60) ont également été menées au cours de l'expérience de marquage. Le couplage de ces observations permet de repérer la position des poissons marqués par rapport aux bancs et aux individus en déplacement dans le périmètre d'observation. Un bateau laboratoire est ancré sur le site pendant toute la durée de l'expérience (Figure 4).

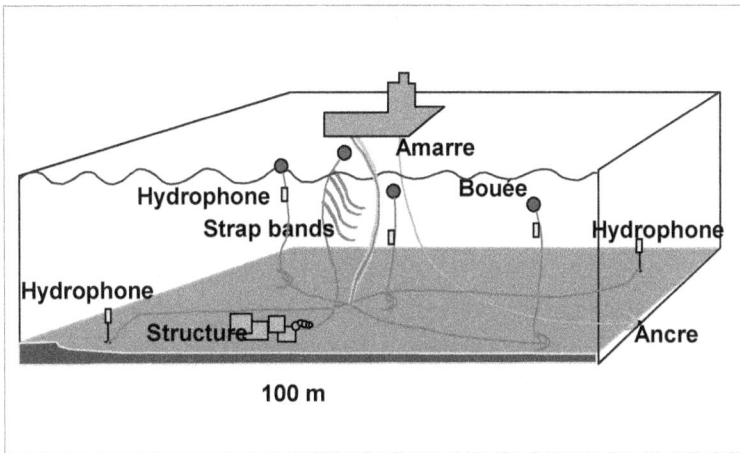

Figure 4 - Schéma du dispositif HTI de détection acoustique des marques autour du récif artificiel.

Le dispositif de concentration de poissons (DCP), sur lequel est faite l'expérimentation, est construite à partir de modules constitués de récipients en plastique, de pneus et de lanières en plastique (6 m³) qui simulent des anfractuosités et des feuilles d'herbiers, la hauteur totale de la structure étant d'environ 1 mètre. Ces modules sont installés à une profondeur de 15 mètres. Les lanières plastiques sont attachées aux cordes de mouillage au centre du module, pour attirer les poissons pélagiques (Figure 5).

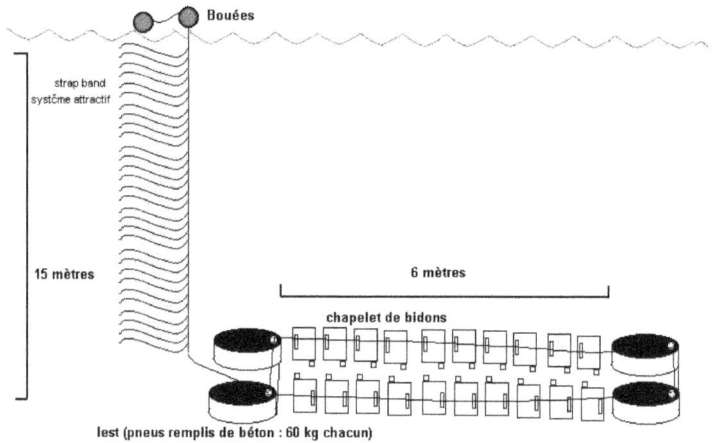

Figure 5 - Schéma du DCP côtier mis en place dans le cadre du programme SEOM.

Les poissons pêchés, sont marqués (15 individus au total, entre 14 et 22 cm) après une période d'acclimatation de 2 jours passés en aquarium. Un des avantages du système HTI est la possibilité de marquer des poissons < 20 cm, la taille de la marque émettrice étant de 19 mm pour 7 mm de diamètre, pour un poids de 1,5 g dans l'air. Ces micro-émetteurs sont programmés avant leur implantation en fonction des objectifs de suivi. Dans notre cas, où l'objectif était de suivre le mouvement des poissons de manière précise durant un nycthémère, les marques avaient une pulsation toutes les 0,66 secondes (pour un suivi maximum de 6 jours). Chacune d'elle avait une période d'impulsion propre contrôlée par un oscilloscope (entre 775 et 845 msec) afin que chaque poisson soit repéré dans l'espace et dans le temps. Tous les poissons marqués pouvaient ainsi être suivis en continu et simultanément.

Des étapes préliminaires ont permis de choisir les meilleures conditions pour optimiser la survie des poissons marqués (DEA J. Devakarne). Pour les lutjans, l'insertion de la marque se fait au niveau de la cavité péritonéale (Figure 6). L'implantation par chirurgie nécessite une anesthésie générale du poisson pour éviter tout mouvement et limiter le stress lié à la manipulation. L'huile essentielle de clou de girofle a été testée afin de valider son emploi comme anesthésiant. Pour des poissons dont le poids moyen est de 131,5 ± 16,2 g, une concentration de clou de girofle de 0,3 ml.l[-1] permet un temps d'induction moyen se situant au-dessous d'une minute (42,50 ± 3,54 s), pour un temps de réveil aux alentours de 5 min (346,50 ± 71,42 s). Ces conditions ont été considérées comme optimales pour minimiser le stress du poisson au moment du marquage et augmenter ses chances de survie.

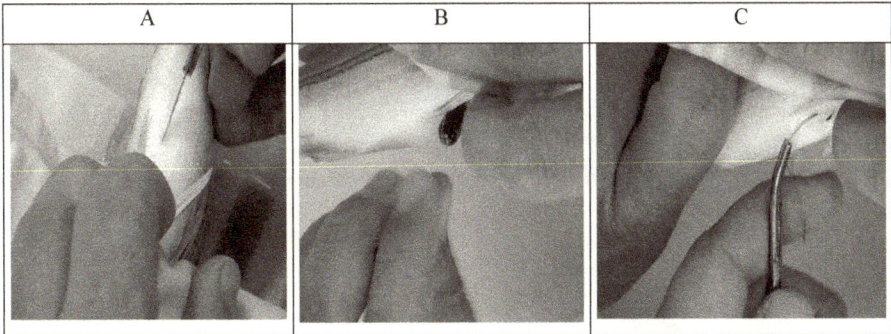

| A | B | C |

Figure 6 – Différentes étapes d'implantation d'une marque émettrice HTI dans la cavité péritonéale d'un lutjan anesthésié (photo T. Soriano). A : incision de la paroi abdominale, B : implantation de la marque, C : pose des points de suture.

Une fois la marque installée, une phase d'acclimatation se poursuit au laboratoire durant 4 jours avant que les poissons ne soient relâchés en milieu naturel sur le DCP équipé de stations d'écoute. Si l'effet attracteur du DCP fonctionne bien (ce qui est souhaitable vu le coût des marques : 260 euros pièce), ils sont dès lors détectés par les hydrophones (Figures 7), et suivis en continu et simultanément, pendant toute la durée de l'expérimentation (cinq jours à La Réunion, six jours en Nouvelle-Calédonie).

A : vue de l'hydrophone placé au centre du réseau, au niveau du récif artificiel, avec en arrière plan un plongeur et la première bassine contenant une partie des poissons marqués

B : vue de 2 des 4 plongeurs posés sur le fond près du récif artificiel, après leur descente d'une bassine contenant une partie des poissons.

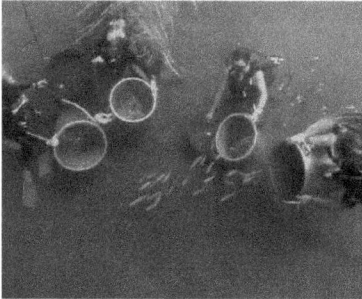

C : lâché des poissons par ouverture simultanée des couvercles des bassines.

Figure 7 – Différentes étapes résumant le lâché des poissons marqués sur le dispositif de concentration de poissons, équipé du système acoustique HTI (photos T. Soriano). A, B : Descente de la première bassine contenant les poissons (A : vue de dessus, B : vue latérale du fond), C : lâché des poissons.

Le calcul des trajectoires des poissons marqués étant un travail complexe et très fastidieux, s'effectuant avec un logiciel peu performant au vu de la quantité de données, l'analyse des résultats est toujours en cours. Je présenterai ici quelques exemples pour montrer les potentialités de la méthode.

Ex.1 - L'analyse des distances interindividuelles et entre les individus et le récif artificiel, montre que ces distances sont plus importantes en fin de nuit, entre 4 et 5 heures du matin. Des mesures faites durant cet intervalle de temps, sur un lutjan de 15 cm, montrent que le poisson a prospecté en pleine eau, dans un rayon de 30 m autour du récif (Figure 8). On observe nettement deux zones préférentielles dessinées par les deux «pelotes» formées par l'enchevêtrement de la trajectoire. Le poisson est passé à plusieurs reprises d'une zone à l'autre au cours de cette heure d'observation.

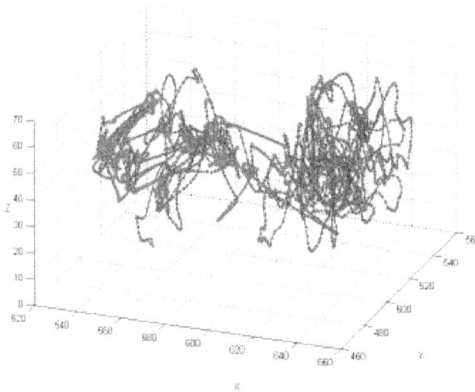

Figure 8. Trajectoire d'un lutjan détecté entre 4h00 et 5h00 du matin. Les dimensions (X, Y, Z) sont en pieds (0,304 m) [R29].

En revanche, durant la journée, les individus sont inféodés à la structure artificielle et s'éloignent peu du récif ; mais ils ont tendance à occuper la colonne d'eau (prospection ou attraction du bateau ?). Les premiers résultats confirment donc le comportement nocturne exploratoire des lutjans, et ceci tout particulièrement juste avant l'aube.

Ex. 2 - En ce qui concerne la fidélité au récif artificiel, elle a été très variable dans le temps. Lorsque les poissons quittent le DCP à une distance où ils ne sont plus détectés par les hydrophones, ils le font toujours au début de la nuit et ces départs sont définitifs. La plupart des poissons ont quitté le site avant la fin de l'expérience (< 6 jours). Ce sont les individus les plus grands qui partent en premier, la taille moyenne des poissons diminuant donc avec le temps (Figure 9).

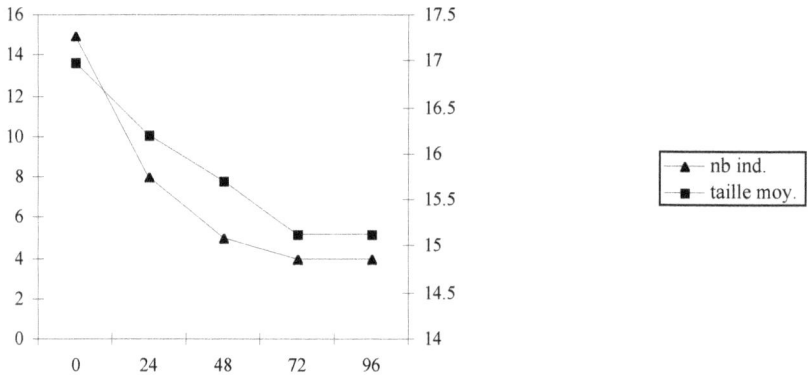

Figure 9. Nombre individus présents (nb ind., axe des ordonnées de gauche) et taille moyenne des individus (cm, axe des ordonnées de droite) en fonction du temps (heures).

La faible fidélité au site pourrait provenir de la taille des individus capturés (entre 14 et 22 cm) et marqués pendant l'expérience. Lorsqu'un lutjan atteint une taille > 15 cm, il est rarement observé sur les DCP et il coloniserait donc préférentiellement d'autres biotopes. Il était prévu de rechercher les individus marqués et absents du site d'expérimentation à la fin de l'expérience SEOM, sur plusieurs sites potentiels pouvant les accueillir. Mais des conditions météorologiques défavorables nous ont empêchés, à deux reprises (Réunion et Nouvelle-Calédonie), de poursuivre l'expérimentation jusqu'au bout.

Ex. 3 - La méthode de marquage utilisée permet également de calculer des vitesses de nage des poissons. Les résultats montrent que les individus sont capables de maintenir une vitesse « soutenue », égale à 5 fois la longueur totale de leur corps (0,5 m/s pour un individu de 10 cm) pendant plus de 3 min. Des accélérations, égales à 50 fois la longueur du corps du poisson (5 m/s pour un individu de 10 cm !) ont également été observées ; ces vitesses de pointe pouvant être une réaction ponctuelle à la présence de prédateurs (observations couplées au sondeur).

L'étude comportementale de la dynamique spatiale des populations ichtyologiques associées à des structures attractives artificielles côtières est novatrice. L'utilisation d'outils de marquage acoustique pour des observations simultanées, en milieu naturel marin, de plusieurs individus de différentes espèces et dont la taille ne permettait pas jusqu'à présent de les marquer, n'avait encore jamais été tentée et offre de réelles perspectives de recherche. Néanmoins, l'outil utilisé (système HTI) est surtout intéressant dans le cadre d'études comportementales sur les espèces grégaires pour alimenter les modèles avec des données réelles (distances inter-individuelles, vitesses....). Dans une problématique d'attraction/production des récifs artificiels, les marquages acoustiques avec des hydrophones omnidirectionnels, positionnés à des postes clés pour étudier les mouvements entre les milieux étudiés, et détectant la présence ou l'absence des poissons marqués, auraient été plus adaptés. Les marques acoustiques (de type Vemco, programmées pour une émission toutes les 1 à 3 mn, pour une détection pouvant aller jusqu'à 200 m) associées avec des marques plus classiques (marques externes fixées à la nageoire des poissons ou implants visibles d'élastomère fluorescent) auraient été plus appropriés. Le système Vemco est aussi parfaitement adapté pour étudier le fonctionnement des AMP (Aires Marines protégée), afin de tester les hypothèses d'immigration ou d'émigration aux frontières des réserves, dans le but d'optimiser la politique de gestion et de protection des récifs réunionnais.

Un des points forts du programme SEOM a été l'excellente collaboration, aussi bien à La Réunion qu'en Nouvelle-Calédonie, entre les différents partenaires impliqués dans le programme (IRD Réunion, IRD Nouvelle-Calédonie, Université de La Réunion, IFREMER, Aquarium Réunion, Agence pour la Recherche et la Valorisation Marine, Comité Régional des Pêches Réunion, Université de la Nouvelle-Calédonie). En Nouvelle-Calédonie, le programme a permis d'initier une collaboration avec l'Université qui nous a accueilli dans ses laboratoires pour les expériences de marquage. Ce programme a contribué au démarrage de la thèse d'O. Château (Université de la Nouvelle-Calédonie) qui a pu bénéficier du savoir-faire de l'IRD et de HTI USA en matière d'acoustique, et de l'Université de La Réunion pour le protocole de marquage ainsi que du matériel acoustique lui-même (récepteurs et marques) prêté pour la phase test de sa thèse. O. Château utilise maintenant le système acoustique Vemco plus adapté à sa problématique. La collaboration des scientifiques impliqués dans le programme SEOM n'est pas encore finie, des publications sont en cours rédaction.

I.4. Apport des survols aériens pour quantifier la fréquentation des pêcheurs plaisanciers ou non professionnels

Face aux problèmes de gestion durable des ressources et à l'augmentation toujours croissante de la fréquentation des récifs coralliens liée à la démographie (activités vivrières, de tourisme et de loisirs), il devient nécessaire de s'intéresser aux usagers du récif. Parmi ces usagers, la population de pêcheurs non professionnels semble être la moins étudiée car, étant très diverse en terme d'individus, d'équipements et de fréquentation spatiale et temporelle, elle est très difficile à cerner. Pour quantifier cette fréquentation et son impact sur les peuplements de poissons, plusieurs méthodes d'approche peuvent s'envisager : des enquêtes de terrain directement auprès des pêcheurs, ou des estimations faites à partir de comptages de bateaux par survols aériens. Les survols sont utilisés plus fréquemment pour estimer les populations de tortues marines, de thons ou de mammifères marins que pour estimer les activités récréatives (Normandeau, 2004). Pourtant cette méthode présente un réel potentiel pour quantifier ces activités méconnues.

I.4.1 – Ultra Léger Motorisé (ULM)

L'utilisation de L'ULM dans le cadre de mes recherches provient d'une fascination pour cet oiseau mécanique qui m'a poussé à apprendre à le piloter dans l'espoir que, vu de haut, le récif corallien livrerait quelques-uns de ses secrets. Je voulais surtout sortir de la vision du milieu liée aux transects, et profiter de la transparence des eaux récifales pour voir l'environnement global dans lequel se déplaçaient les poissons. Durant mon doctorat, des bouées ont été placées sur les transects et des photos aériennes ont été réalisées en ULM pour étudier les zones de recherche, mais sans grand succès. Quand G. Bertrand est venu me voir en 1999 pour participer à l'encadrement d'un stage de Maîtrise de géographie à l'Université de La Réunion sur la pêche sous-marine (programme PPF Mer, 1998-2001), j'ai enfin trouvé un intérêt appliqué à cette technique. G. Bertrand rencontrait des problèmes pour quantifier la pression de pêche sous-marine à la Réunion, activité souvent considérée comme accessoire, mais qui peut être préoccupante en matière de prélèvement des ressources marines. Dans le contexte sensible de la Réunion (braconnage, chômage,...), l'ULM s'est alors révélé être un outil d'investigation intéressant et économique pour estimer l'effort de pêche, aucun pêcheur ne pouvant échapper aux observations directes. Au cours des survols effectués dans un ULM à 2 places, entre 100 et 300 m d'altitude, les comptages sont réalisés par le passager. Les résultats de l'étude ont mis en évidence une variabilité importante de la fréquentation entre les différents secteurs d'étude, du port de La Possession à la Pointe au Sel (30 km). Le secteur le plus fréquenté se situe entre la Possession et la Rivière des Galets (5,2 pêcheurs / jour) alors que les zones de réserve sont les moins fréquentées (< 1 pêcheur / jour) [B4]. D'un point de vue méthodologique, les survols ULM constituent une approche nouvelle qui s'avère efficace pour estimer une activité halieutique encore peu connue, mais dont l'impact sur les milieux sensibles comme les zones récifales peut s'avérer non négligeable. Néanmoins, les vols sont tributaires des conditions météorologiques qui peuvent empêcher certains départs prévus (vents trop forts, pluie) et, dans ces cas-là, perturber la stratégie d'échantillonnage.

I.4.2 – Avion de tourisme

Dans un autre contexte géographique, celui du lagon de Nouvelle-Calédonie, l'utilisation de survols aériens peut se révéler être aussi un outil très efficace pour estimer la fréquentation spatiale du lagon SO par la pêche plaisancière, objectif de la thèse de doctorat d'I. Jollit (Université de Nouvelle-Calédonie, IRD). Les survols sont prévus d'ici la fin de l'année 2005 et seront financés par Zonéco (évaluation des ressources marines de la zone économique de Nouvelle-Calédonie) dans le cadre d'un programme dont j'ai la responsabilité. Un avion de type CESSNA 172 (quatre places), avec une autonomie d'environ 5 H, sera utilisé. Ce type d'avion est indispensable pour parcourir un vaste espace (~450 km²) qui couvre une zone allant de la Baie de Prony jusqu'à la Baie de St-Vincent (Figure 10) en un temps limité (4 heures de vol).

Quarante survols aériens sont programmés sur une année en prenant en compte les variations spatio-temporelles de la fréquentation (jours de la semaine, week-end, période scolaire, période hors scolaire, saisons). En volant à une altitude moyenne de 1 000 m, la bande visible de chaque côté de l'appareil est d'environ 4 km. Un plan de vol (~560 km pour 4 heures de vol) a été prédéfini d'après les enquêtes menées sur les lieux de pêche. Il consiste à couvrir des zones en « bloc » pour éviter de compter 2 fois un bateau qui se déplace. Deux techniques de comptage seront utilisées en simultané. La première technique est le comptage visuel par bloc, en utilisant un compteur à main afin de déterminer le nombre de bateaux dans un quadrillage pré-établi couvrant toute la zone (Figure 10). La deuxième technique utilise des prises de vue aériennes (zoom 300 mm) afin d'identifier les types d'embarcations et les engins de pêche utilisés. Au moment de la prise des photos, le positionnement de l'avion sera enregistré (points GPS). Les heures de vol prévues coïncident avec les périodes d'utilisation maximale des bateaux qui sont comprises entre 10h30 et 15h30 (Normandeau, 2004).

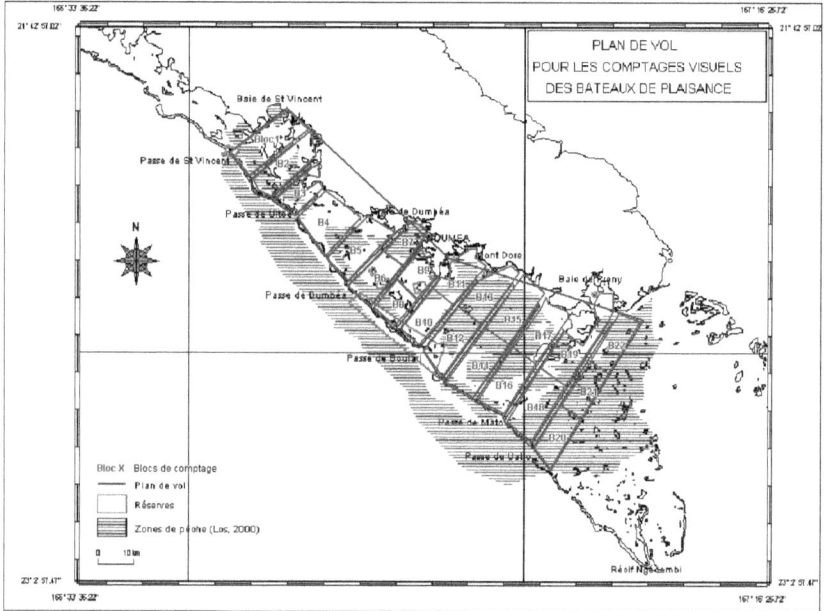

Figure 10 – Plan de vol pour estimer la fréquentation des pêcheurs plaisanciers sur le lagon SO de Nouvelle-Calédonie (I. Jollit).

Afin de mieux gérer les écosystèmes récifaux, il est essentiel de connaître l'état des ressources, mais aussi d'estimer la pression exercée sur celles-ci par les usagers. Pour estimer la fréquentation sur un milieu récifal donné, les survols aériens sont des outils très efficaces. L'ULM, qui permet des survols lents entre 100 et 300 m, est idéal pour obtenir des informations très précises à la surface de l'eau et même sous l'eau. Une étude ciblée sur la pêche sous-marine par exemple sera mieux échantillonnée par ULM que par avion, qui vole plus vite, à plus de 1000 m d'altitude, avec une précision d'observation moindre. En revanche, l'ULM ne permet pas de couvrir de grandes surfaces (surface recommandée < 100 km²) dans un temps limité (1/2 journée = 4 H) et son utilisation est plus dépendante des conditions météorologiques. Quand une surface plus importante doit être couverte, comme c'est le cas de l'étude conduite en Nouvelle-Calédonie (surface prospectée ~ 450 km²), un petit avion de tourisme, qui par ailleurs peut voler dans des conditions météorologiques plus sévères, sera plus adapté pour l'échantillonnage.

I.5. Apport de la télédétection pour étudier les relations habitat - diversité des poissons en milieu récifal

J'ai eu l'occasion d'approcher les potentialités de la télédétection pour appréhender l'habitat récifal à grande échelle, grâce à S. Andréfouët, collègue de l'UR 128 en Nouvelle-Calédonie. Cette rencontre s'est concrétisée à travers une collaboration dans le cadre du stage de N. Cornuët (DAA, ENSAR Rennes, responsables M. Kulbicki et S. Andrefouët) au début de mon accueil à l'IRD Nouméa. Les résultats de cette étude ont fait l'objet d'une communication à un congrès international de télédétection au Canada en mai 2005 [R25].

L'habitat est introduit ici à travers une notion d'hétérogénéité spatiale, utilisée plus fréquemment en écologie des paysages et basée sur les proportions relatives des éléments structuraux de l'environnement. Le développement récent de l'imagerie satellite permet l'acquisition rapide des données habitat à différentes échelles (Mumby *et al.*, 2001 ; Andrefouët *et al.*, 2002). En Nouvelle-Calédonie, la création d'un atlas sur les récifs coralliens (Andrefouët & Torres-Pulliza, 2004), la présence de données sur les peuplements de poissons récifaux de la région de Koné (Province Nord) et la disponibilité images satellitaires haute résolution ont favorisé cette étude originale dans son approche. L'objectif est d'expérimenter la télédétection pour appréhender le rôle de l'hétérogénéité de l'habitat à grande échelle sur la diversité des peuplements ichtyologiques récifaux.

Deux types d'images ont donc été utilisées pour estimer l'hétérogénéité du milieu : une image Landsat 7 d'une résolution de 30 m couvrant toute la zone d'étude (Figure 11-A) et une image Quickbird, dont les bandes spectrales sont proches de celles de Landsat, mais avec une plus grande résolution (2,6 m) (Figure 11-B). L'image Quickbird disponible couvre une surface plus petite (~ 250 km^2) par rapport à l'image Landsat (~ 2 500 km^2). Les bandes spectrales des deux satellites étant proches, le principal paramètre différenciant ces deux images est donc la résolution spatiale.

L'hétérogénéité spatiale du paysage se rapportant à la variation de la répartition des éléments structuraux de l'environnement, elle peut être estimée en télédétection par la variation des signatures radiométriques («couleurs») des images satellitaires, *à priori* représentative des différences de structure d'habitat aux voisinages des stations. L'information est restituée sous forme d'une matrice de dissimilarité radiométrique entre stations, calculée par un logiciel (ENVI). Pour toutes les combinaisons de deux stations, le logiciel calcule un indice de séparabilité qui intègre la distance de Jeffries-Matusita (Richards, 1999), distance basée sur la différence existant entre les signatures radiométriques de deux éléments. L'image étant utilisée pour calculer une différence d'hétérogénéité entre stations, l'hétérogénéité n'est donc pas calculée autour de la station, mais se rapporte à des différences entre stations. Les stations sont ensuite agencées en différents groupes par une méthode de classification.

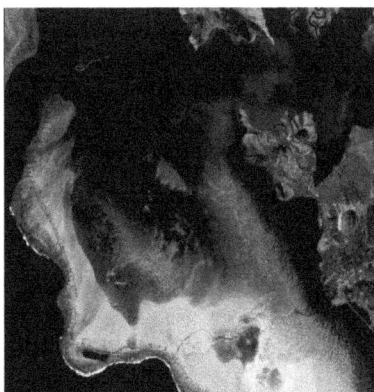

Figure 11 – Images satellitaires centrées sur la zone de Voh-Koné-Pouembout (Province Nord, Nouvelle-Calédonie). A : Image Landsat, 50 x 50 km, résolution 30 m. Le carré blanc délimite la surface de l'image Quickbird. B : Image Quickbird (Copyright Digital Globe Inc. et US 140 IRD), 15 x 15 km, résolution 2,6 m.

Différentes échelles d'étude vont être testées en faisant varier le diamètre de la fenêtre d'analyse centrée sur les coordonnées GPS des stations (ou transect) et à l'intérieur de laquelle est calculée, à partir de la matrice de dissimilarité, une valeur de radiométrie. Le diamètre d'analyse optimal a été calculé en deux temps. Dans un premier temps, les stations ont été replacées dans leur contexte géomorphologique à partir de l'atlas des récifs coralliens de Nouvelle-Calédonie (Andréfouët et Torres-Pulliza 2004), dans lequel cinq unités distinctes ont été identifiées sur la zone étudiée: récif frangeant, récif réticulé, récif barrière, massifs coralliens et passes. Puis, dans une deuxième étape, le diamètre d'analyse optimal a été déterminé en observant l'évolution de la correspondance entre les dendrogrammes de l'image Quickbird et les unités géomorphologiques. La meilleure correspondance a été obtenue pour un diamètre de 120 m, diamètre utilisé également pour le traitement de l'image Landsat. Une fois, le diamètre optimal d'analyse fixé, les deux matrices de dissimilarité (Landsat et Quickbird) ont été construites sur la zone considérée (~10 000 m²) ; à partir de ces matrices, deux dendrogrammes ont été obtenus par classification hiérarchique.

Les peuplements de poissons ont été analysés à travers leur richesse spécifique par station. Ce paramètre a été estimé sur des transects de 50 m de long (surface explorée ~ 1 000 m²). Une matrice croisant les stations (25) et les espèces (327) a été construite sur des données de présence/absence. Puis une classification hiérarchique a été effectuée à partir de cette matrice afin d'obtenir la matrice de distance des peuplements et un dendrogramme des stations.

Dans les trois cas, les deux matrices Landsat et Quickbird de dissimilarité « habitat » et la matrice de distance « poissons », la classification hiérarchique groupe les stations en trois ensembles. L'utilisation d'un Système d'Information Géographique (SIG, logiciel ARCVIEW) permet une représentation graphique de ces dendrogrammes et facilite leur mise en correspondance avec les trois groupes de stations individualisés (Figure 12). Malgré la différence de résolution entre les images Quickbird et Landsat, les groupements réalisés sur l'ensemble de la zone sont identiques quelle que soit le type d'image utilisée. L'analyse de la représentation des matrices « habitat » montre l'adéquation entre les trois groupes de stations et les unités récifales définies à partir des unités géomorphologiques, sauf pour une station classée dans l'unité « récif barrière » (groupe 3), alors qu'elle appartient en réalité au récif réticulé (Figure 12A). Ces adéquations se retrouvent également avec la matrice « poissons » (Figure 12B).

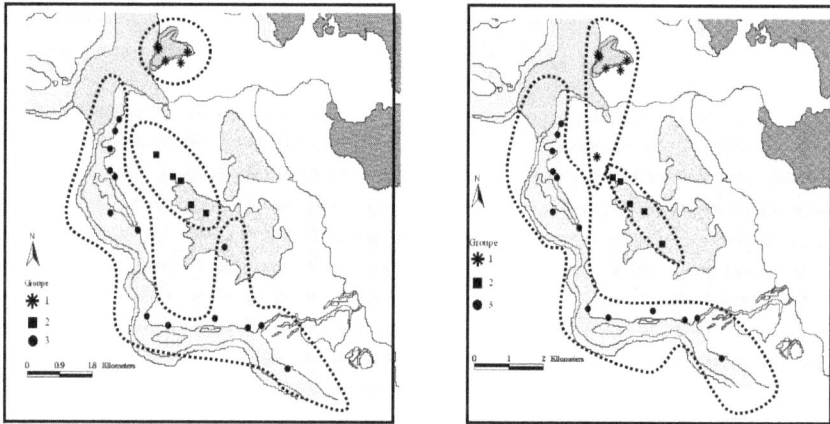

Figure 12 - Représentation des stations d'après les classifications hiérarchiques effectuées sur :

A : les habitats à partir des images Landsat et Quickbird

B : les peuplements de poissons

Unités géomorphologiques d'après Andrefouët & Torres-Pulliza (2004) - BAR : barrière, FRG : frangeant, RET : réticulé, M : massifs coralliens, P : passe. *TE* représente la partie terrestre [R25].

Ces adéquations sont confirmées par les corrélations significatives entre la matrice « poissons » et les deux matrices « habitat » (R Spearman = 0,36 pour l'image Quickbird et 0,32 pour l'image Landsat). L'absence de différence nette entre les deux coefficients de corrélation pose la question de la nécessité d'une haute résolution. Pour répondre à cette interrogation, l'analyse reproduite uniquement sur les 13 stations du récif barrière (les 11 stations du récif intermédiaire ne sont plus prises en compte), montre que les groupes extraits de l'image Quickbird deviennent alors mieux corrélés aux groupes du peuplement ichtyologique que ceux issus de l'image Landsat. À une échelle plus petite avec des variations d'hétérogénéité moindres, l'image Landsat ne possèderait pas la résolution suffisante pour dégager les variations de dissimilarité corrélables aux différents peuplements observés. Néanmoins, les résultats globaux montrent que les concordances entre peuplements et hétérogénéité sont moindres à l'échelle du récif barrière (R Spearman = 0,07 pour l'image Quickbird, et -0,07 pour l'image Landsat) qu'à celle de la zone totale étudiée.

Il est possible, dans certains cas, de prédire la diversité des peuplements ichtyologiques à partir d'images satellitaires (Quickbird et Landsat), résultat pouvant avoir de nombreuses applications : définition d'une stratégie d'échantillonnage ou de gestion pour les aires marines protégées, exploration d'écosystèmes isolés ou encore de zones difficilement accessibles....

À l'échelle du récif étudié (2 500 km²), l'hétérogénéité calculée à partir d'images satellitaires permet de discriminer les différents ensembles géomorphologiques et les peuplements qui leur sont associés indépendamment de la résolution des images. À cette échelle, l'image satellite (Quickbird ou Landsat) peut donc être un bon indicateur de la diversité des peuplements de poissons récifaux. À une échelle plus fine (250 km²), la résolution de l'image devient primordiale. Une image avec une plus forte résolution (Quickbird) permet d'obtenir une meilleure adéquation entre les groupes «habitat » et « peuplements ».

Néanmoins, ces résultats doivent être pondérés par la représentativité du peuplement associé au transect (~ 1 000 m²) dans la surface à l'intérieur de la fenêtre d'analyse (~ 10 000 m²) en milieu corallien souvent hétérogène. De plus, ils ont été obtenus avec un échantillonnage restreint (25 stations) et des habitats relativement peu variés (récifs barrières et intermédiaires) et doivent être confirmés sur des zones récifales présentant des géomorphologies différentes pour pouvoir valider pleinement la potentialité de leur utilisation.

I.6. Apport d'un guide méthodologique dans la mise en place du réseau « monitoring » Océan Indien

En 1994, plusieurs pays lançaient l'Initiative Internationale sur les Récifs Coralliens (ICRI) sous l'impulsion du Département d'Etat des Etats-Unis. Un bilan de situation des récifs coralliens à l'échelle de la planète établissait que 10 % d'entre eux étaient irrémédiablement détruits sur les 800.000 km² que représentent les récifs dans plus de 100 pays de la zone intertropicale. Cette situation de crise fut à l'origine du lancement de l'ICRI aux Philippines en 1995, qui rassembla, outre des représentants des Etats, tous les acteurs intéressés par les récifs et leur gestion. Un "*appel à l'action* " et une " *stratégie pour l'action* " étaient lancés et adoptés par plus de 80 pays dont la France. L'objectif essentiel était de sensibiliser les gouvernements ainsi que les acteurs sociaux et économiques à la gestion, de la haute richesse naturelle des récifs coralliens. La nécessité d'un réseau de surveillance mondial, déjà recommandé par des chercheurs, se concrétisait par la création du Réseau Mondial de Surveillance des Récifs Coralliens (Global Coral Reef Monitoring Network ou GCRMN) sous l'égide de la Commission Océanographique Intergouvernementale (Coi-UNESCO), du Programme des Nations-Unies pour l'Environnement (PNUE) et de l'Alliance Mondiale pour la Conservation de la Nature et de ses Ressources (UICN).

Dans le Sud-Ouest de l'Océan Indien, le réseau « Suivi de l'état de santé des récifs coralliens » s'est progressivement fédéré sous l'impulsion de la COI (Commission de l'Océan Indien) à travers un Programme Régional Environnement (PRE-COI/FED, 1995-2000). Le but de ce programme est de promouvoir une politique régionale de protection et de gestion des ressources naturelles et marines entre les cinq états insulaires membres de cette commission (Comores, Madagascar, Maurice, Seychelles, France - La Réunion). Un de ses objectifs spécifiques et prioritaires est la sauvegarde et la gestion intégrée de la zone côtière, et principalement des récifs coralliens. De par leur présence dans tous les états membres de la COI, ces récifs sont un thème fédérateur pour la région. De plus, ils constituent à la fois des écosystèmes parmi les plus sensibles et les plus vulnérables en zone côtière, et des secteurs économiques dont dépend une grande partie des populations insulaires, à travers la pêche et le tourisme. Ces constatations justifient pleinement la nécessité de développer l'action de suivi des récifs (« monitoring »), action qui va contribuer à la dynamique du réseau « monitoring » COI mis en place à partir de 1998. Le réseau régional se présente comme une fédération de réseaux nationaux, regroupant partenaires institutionnels (Instituts de recherche, Universités, Services) et partenaires non gouvernementaux (ONG, clubs de plongée, associations, experts individuels...). Ce réseau a pour vocation d'assurer un suivi de l'état de santé des récifs à travers l'observation périodique de sites sélectionnés, mais aussi d'appuyer des initiatives en matière de sensibilisation du public, de vulgarisation et de formation. Ma participation à la mise en place de ce réseau SO Océan Indien s'est manifestée à travers des participations à des ateliers régionaux (formation de formateurs) et l'élaboration d'une méthodologie de suivi standardisée pour la région [O1, O2, D1] (Figure 13).

L'existence d'un outil de surveillance standard a favorisé la dynamique du réseau au niveau régional mais aussi au niveau international, à travers l'intégration du réseau COI au GCRMN depuis 1998.

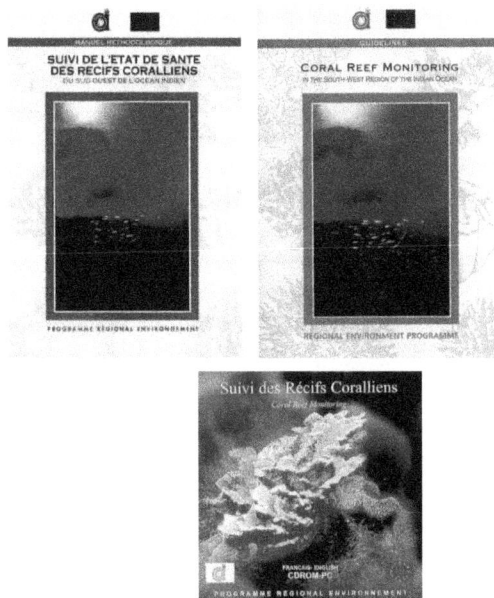

Figure 13 – Manuel de suivi des récifs coralliens (version française et anglaise) [O1, O2] et CD-ROM associé [D1], produits dans le cadre du programme Environnement de la Commission de l'Océan Indien.

Le manuel méthodologique de suivi prend en compte deux des compartiments majeurs des récifs coralliens : les compartiments benthique (coraux, algues,…) et ichtyologique. Les relevés sont effectués par observations visuelles après avoir sélectionné des secteurs, des sites puis des stations (platier et pente externe). L'échantillonnage des peuplements se fait selon deux scénarios en fonction des capacités locales des intervenants.

Pour les peuplements benthiques, les relevés sont réalisés selon la méthode des transects (3 fois 20 m) en prenant en compte des catégories d'organismes (corail mort, corail vivant, formes des coraux et autres organismes récifaux…). Par exemple, les catégories suivantes sont différenciées pour les coraux constructeurs vivants : *Acropora* (branchu, tabulaire, digité, submassif), non-Acropora (branchu, massif, submassif, encroûtant, libre), *Millepora*. Dans le scénario 2, des quadrats (8 fois 1 x 1 m) sont rajoutés aux transects afin de suivre, à plus petite échelle, le recrutement corallien et l'évolution des recrues au cours du temps.

Les peuplements ichtyologiques sont échantillonnés sur des transects de 50 m de long sur 5 m de large (x 3 fois) (Figure 14).

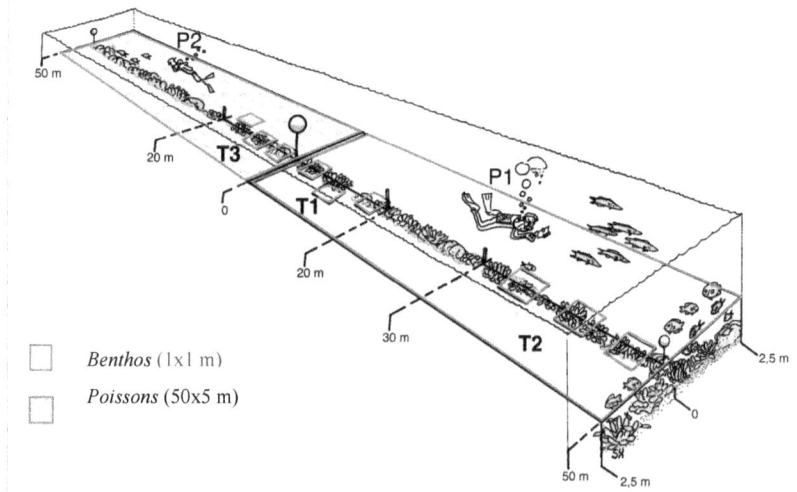

Figure 14 - Protocole d'échantillonnage. T : transect benthos (20 m), P : plongeur.

Pour les poissons, le manuel recommande le suivi d'espèces cibles, facilement identifiables et pouvant apporter des informations sur « l'état de santé » du récif avec, à nouveau, deux scénarios possibles. Le scénario 1 préconise la prise en compte de deux catégories de poissons, les prédateurs et les poissons papillons, sans distinguer les espèces contenues à l'intérieur de chaque catégorie. Le scénario 2 prend en compte une quinzaine d'espèces ayant des caractéristiques écologiques ou un intérêt alimentaire pour la population ; ces espèces sont dites « bioindicatrices », donc potentiellement capables d'apporter des informations sur l'évolution du milieu suivi (Figure 15). Le choix de ces espèces provient en partie des résultats de ma thèse (Chabanet, 1994), à l'exception des prédateurs. En ce qui concerne cette catégorie, chaque pays de la COI doit adapter le choix des espèces en fonction des espèces rencontrées le plus fréquemment sur les sites sélectionnés et/ou importantes pour les pêcheries locales. À La Réunion par exemple, *Lethrinus harak* n'est pas pris en compte car absente des milieux échantillonnés ; par contre, cette espèce est intéressante à suivre aux Seychelles où elle est abondante et joue un rôle important dans la pêche locale. À La Réunion, une espèce comme *Epinephelus merra,* très prisée localement, sera échantillonnée même si elle n'est pas spécifiée sur la planche des poissons « bioindicateurs » (Figure 15).

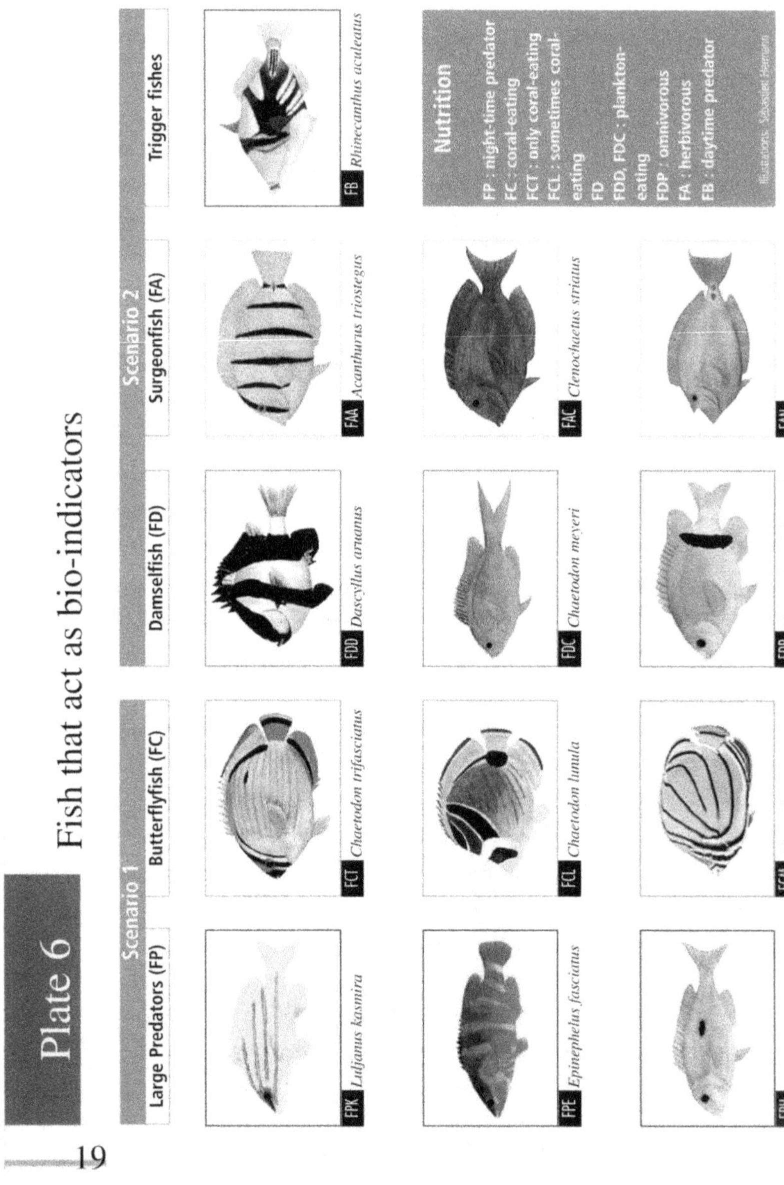

Plate 6 — Fish that act as bio-indicators

Scenario 1
- Large Predators (FP)
  - FPK *Lutjanus kasmira*
  - FPE *Epinephelus fasciatus*
  - FPH *Lethrinus harak*
- Butterflyfish (FC)
  - FCT *Chaetodon trifasciatus*
  - FCL *Chaetodon lunula*
  - FCM *Chaetodon meyeri*

Scenario 2
- Damselfish (FD)
  - FDD *Dascyllus aruanus*
  - FDC *Chaetodon meyeri*
  - FDP *Plectroglyphidodon dickii*
- Surgeonfish (FA)
  - FAA *Acanthurus triostegus*
  - FAC *Ctenochaetus striatus*
  - FAN *Naso unicornis*
- Trigger fishes
  - FB *Rhinecanthus aculeatus*

Nutrition
FP : night-time predator
FC : coral-eating
FCT : only coral-eating
FCL : sometimes coral-eating
FD
FDD, FDC : plankton-eating
FDP : omnivorous
FA : herbivorous
FB : daytime predator

illustrations : Sabrina Herrera

Figure 15 – Espèces ichtyologiques suivies dans le cadre du monitoring COI (scénario 2) [O2].

Tous les ans, chaque pays membre de la COI se charge d'intégrer les données du « suivi récifs » dans une base de données mise en œuvre dans le cadre du programme (Villedieu *et al.*, 2000). Le rapport régional réalisé par chaque pays est ensuite inclus au rapport international du GCRMN. Depuis sa mise en place en 1998, le réseau régional a connu une « montée en puissance » (Bigot, comm. pers.) ; 23 stations ont été expertisées en 1998, 44 en 2000 et plus de 70 stations sur 40 sites en 2002. Cette évolution résulte d'une structuration progressive du réseau, liée notamment à l'adhésion de nouveaux partenaires (Rodrigues en 2001). On peut penser que ce nombre va continuer à croître à travers l'intégration progressive de nouveaux sites (ex. Anjouan aux Comores), d'îlots et de bancs dispersés dans cette région (ex. St Brandon). Cependant, la « montée en puissance » ne doit pas nuire à la pérennisation du réseau, le but essentiel du suivi étant de dégager les tendances évolutives par observations régulières des indicateurs sur les sites de référence choisis par chaque pays.

À La Réunion, l'action « suivi des récifs coralliens », mis en place en 1998 par l'Université (laboratoire ECOMAR), l'ARVAM (Agence Réunionnaise pour la Recherche et la Valorisation Marine) et l'APMR (Association Parc Marin) a sous-tendu le développement d'un véritable « réseau récifs Réunion» associant aussi bien des acteurs institutionnels que techniques et scientifiques. Ce réseau est géré depuis 2001 par l'APMR, ce qui constitue pour moi l'aboutissement souhaité de ce projet au niveau local. Le suivi est effectué sur 7 sites pilotes (14 stations), soit avec un niveau d'expertise maximale (ECOMAR, ARVAM) [C2, R11], soit selon les recommandations du guide COI par les membres du réseau formés à cet exercice (APMR). L'idéal est qu'en routine, l'APMR prenne en charge ce suivi, avec le soutien des scientifiques pour l'interprétation de données. Les opérations de suivi permettent de disposer aujourd'hui de données de référence de qualité sur les peuplements récifaux à La Réunion, données qui prendront toute leur valeur dans le cadre d'un suivi à long terme. À un échelon décisionnel, les résultats du « suivi récifs », à moyen et plus long terme (> 5 ans), constituent des outils importants d'aide à la décision, en termes d'information, d'alerte environnementale, de planification et d'aménagement intégré du littoral (GIZC) pour les acteurs politiques, scientifiques et socio-économiques de l'île.

Certaines îles du SO de l'Océan Indien, comme Mayotte, n'appartiennent pas à la COI. Ce qui n'a pas empêché la mise en place en 2000 d'un observatoire des récifs coralliens (ORC) suite aux dégâts occasionnés par ENSO en 1998-1999 sur les récifs mahorais. L'ORC a permis ainsi l'intégration informelle de cette île au réseau « suivi récifs ». En 2000 et 2001, j'ai assuré l'échantillonnage des peuplements ichtyologiques sur les stations de l'ORC [A9], L. Bigot (ARVAM) assurant celui des peuplements benthiques.

Le réseau régional COI «suivi des récifs coralliens» a atteint l'essentiel de ses objectifs et permet aujourd'hui aux Etats membres d'appartenir au réseau mondial de suivi des récifs coralliens (GCRMN). Le réseau a connu, durant les 7 années de son existence, « une montée en puissance » ; il est passé de 23 stations expertisées en 1998 à 70 stations en 2002. Les bioindicateurs utilisés dans ce cadre de suivi (coraux, poissons) permettent d'apprécier les conséquences d'évènements exceptionnels, tel que le blanchissement corallien massif de 1998, et d'avertir les décideurs de situations environnementales préoccupantes. De nombreuses actions de sensibilisation et de formation relatives au suivi ont été conduites au cours de ces dernières années. Le réseau fonctionne et progresse donc qualitativement (qualité des données collectées, de l'analyse et de l'interprétation) et quantitativement (nouveaux membres et partenaires).

Malgré les résultats positifs obtenus, le réseau reste fragile et sa survie n'est pas encore assurée. La pérennisation, à l'issue du projet actuel qui arrive à terme en 2005, dépendra largement d'un nouveau projet « suivi récifs » ou de futurs projets régionaux (ex. réseau « Aires Marines Protégées ») qui permettraient de dégager des moyens financiers pour la poursuite du réseau et d'une politique régionale de l'environnement marin récifal dans le SO de l'Océan Indien.

II. Inventaire des poissons récifaux dans le SO de l'Océan Indien

La connaissance de la diversité spécifique des différents peuplements qui constituent l'écosystème corallien est nécessaire à toute étude fondamentale portant sur ces peuplements. Cette connaissance est encore imparfaite, spécialement pour les groupes zoologiques dont les organismes sont de petite taille, voire de taille microscopique (ex. endofaune des fonds meubles, bactéries associées aux coraux). Acteurs les plus visibles de l'écosystème corallien, le groupe des poissons récifaux est sans doute le plus étudié de par sa valeur patrimoniale. Leur diversité spécifique est très élevée ; particulièrement dans la région Indo-Pacifique qui, à elle seule, comptabilise plus de 5 500 espèces de poissons côtiers (Paulay, 1997). Cette région est caractérisée par un gradient longitudinal, depuis l'archipel Indo-Australien considéré comme « hot spot » de la biodiversité (90-160°E, 10°S-15°N, Roberts et al., 2002), avec un déclin important vers l'Est du Pacifique et un déclin moins accentué vers l'Ouest de l'Océan Indien (Bellwood & Hughes, 2001). Malgré les connaissances acquises sur la systématique des poissons récifaux et leur biogéographie, des espèces nouvelles sont encore décrites régulièrement dans la littérature scientifique et certaines îles ou zones n'ont jamais été explorées, et de ce fait, la diversité de leurs peuplements reste encore totalement inconnue (ex. Iles Eparses). Néanmoins, à l'échelle de l'Indo-Pacifique, cette diversité peut-être prédite à partir de modèles (Connoly et al., 2003), établis sur des données de distribution d'espèces analysées à l'échelle de la province (Hughes et al., 2002).

Parmi les variables communément identifiées comme responsables des gradients de biodiversité dans une région biogéographique donnée, on trouve l'énergie solaire, l'habitat et les courants océaniques (Paulay, 1997 ; Harmelin-Vivien, 2002 ; Bellwood & Hughes, 2001 ; Connolly et al., 2003). Pour présenter ce chapitre sur les inventaires de poissons récifaux réalisés dans le cadre de mes différentes missions, je présenterai tout d'abord le contexte général de ces études (II.1), puis le contexte géographique et géomorphologique des îles étudiées qui est celui de l'habitat des poissons à grande échelle (II.2), et enfin le contexte hydrodynamique de la région SO Océan Indien (II.3). Ce dernier point permettra d'appréhender les potentialités actuelles de dispersion des espèces récifales dans la zone étudiée. Je finirai le chapitre par un paragraphe général sur les diversités spécifiques en comparant les peuplements ichtyologiques inventoriés dans le cadre de mes missions (II.4).

II.1. Contexte général des études

Le maintien de la biodiversité en milieu corallien est un objectif majeur, tout particulièrement dans le contexte des changements climatiques dont les perspectives sont préoccupantes pour l'écosystème corallien. Une surveillance régulière est nécessaire pour mesurer les évolutions à l'intérieur de l'écosystème récifal. Suite au lancement de l'ICRI (Initiative Internationale pour les Récifs Coralliens) en 1994, la France qui possède sur l'ensemble des DOM-TOM un linéaire de récifs coralliens développé de plus de 5 000 km (~10% de la surface mondiale de récifs), s'est engagée à mettre en œuvre au niveau national une politique et des stratégies en faveur des récifs coralliens. Pour répondre à cet engagement, elle a lancé l'Initiative Française pour les Récifs Coralliens (IFRECOR) sous l'impulsion du Ministère de l'Aménagement du Territoire et de l'Environnement.

L'IFRECOR a défini pour chacun des DOM-TOM, un plan d'action visant à connaître, préserver et restaurer les récifs coralliens à travers des programmes de surveillance dont l'objectif est de détecter, sur le long terme (décennies), les modifications des peuplements en relation avec les phénomènes naturels et/ou anthropiques. L'existence du réseau COI, en tant que nœud SO Océan Indien du GCRMN, a favorisé la mise en place des plans d'action IFRECOR dans l'Océan Indien (La Réunion, Mayotte, Iles Eparses). Si des programmes importants ont été développés dans le passé sur les récifs de la Réunion et, dans une moindre mesure, sur ceux de Mayotte, les connaissances sur les récifs coralliens des Iles Eparses (Tromelin, Glorieuses, Juan de Nova, Bassas da India et Europa) sont très fragmentaires, voire inexistantes du fait de leur accessibilité limitée (Gabrié, 1998). Ce sont des îles classées en réserve naturelle, gardées par des militaires et qui étaient jusqu'à mi-2005 sous contrôle du Préfet de la Réunion. L'accès en est strictement contrôlé ; seules quelques autorisations sont données aux scientifiques dans le cadre de leurs recherches. Les Iles Eparses sont parmi les rares espaces insulaires de la planète ne subissant pas de pression anthropique directe et de ce fait, elles représentent des écosystèmes de référence évoluant sans pression humaine. Face aux lacunes des connaissances sur ces îles, IFRECOR a financé un programme scientifique (2002-2006) afin de : a) mieux connaître la biodiversité marine, b) mettre en place des stations de surveillance et participer au réseau régional (COI) et international (GCRMN) de « suivi des récifs coralliens » et c) fournir une aide à la décision pour la gestion des récifs coralliens (cartographies normalisées des récifs coralliens, base de données,...).

C'est dans ce contexte général que s'intègrent mes actions de recherche visant à estimer la diversité des peuplements de poissons dans le SO de l'Océan Indien, à travers des missions que j'ai faites :

1. à Mayotte pour la mise en place de l'Observatoire des Récifs Coralliens (ORC) en 2000 et 2002 [A9, R13] ;

2. à Geyser et Zélée, dans le cadre d'une évaluation de la ressource halieutique (1996) [B2, R10] et de la mise en place et du suivi des stations COI-GCRMN (2000, 2002), ces deux dernières expertises ayant été couplées avec celles des missions ORC ;

3. dans les Iles Eparses, aux Glorieuses en 2002 [B5, B8, R19] et Juan de Nova en 2004 [B9], pour la mise en place des stations COI-GCRMN et l'évaluation de « l'état de santé » des récifs coralliens, qui n'avaient fait l'objet d'aucune étude scientifique.

Toutes ces missions ont été réalisées dans le cadre de l'IFRECOR, sauf la mission de Geyser et Zélée en 1996, financée par la Collectivité Territoriale de Mayotte et dont j'avais la responsabilité scientifique. De plus, la mission à Juan de Nova que j'ai effectuée en tant que chef de mission, a pu se faire essentiellement grâce à des financements ARTE et FR5, complétés par des fonds IRD, pour réaliser un documentaire (« Juan de Nova, l'île de corail », réalisateur R. Tézier) dont j'avais la responsabilité scientifique.

À La Réunion, l'inventaire des espèces ichtyologiques rencontrées sur les récifs coralliens n'est pas issu de missions ponctuelles, mais représente une compilation au cours du temps d'informations issues de différentes études. Cet inventaire a commencé dans les années 70 (Harmelin-Vivien, 1976), puis a été interrompu pendant une quinzaine d'années. À partir de 1989, des études menées dans le cadre des thèses de Letourneur sur les platiers récifaux (1992) et moi-même sur les pentes externes (1994) ont permis de le compléter. Les informations issues de ces études associées à d'autres informations sur les pêcheries artisanales, des observations en plongée, des identifications réalisées par un systématicien (Fricke, 1999) dans des muséums d'Histoire Naturelle, ont été compilées sur une liste élargie à l'ensemble des poissons marins de l'île [B6].

Dans l'Océan Indien, les récifs coralliens appartenant aux DOM-TOM (France) sont répartis entre La Réunion, Mayotte et les Iles Eparses situées le long du canal du Mozambique (Glorieuses, Juan de Nova, Bassas da India, Europa), à l'exception de Tromelin qui se trouve au Nord de la Réunion (Figure 16).

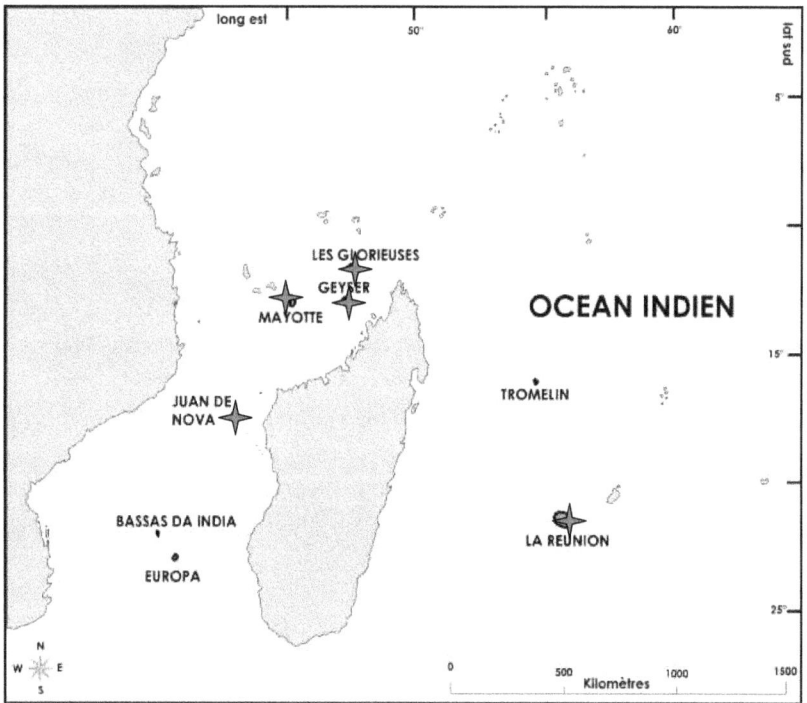

Figure 16 – Contexte géographique de la zone SO Océan Indien. Les étoiles (rouge) indiquent la localisation des récifs coralliens inventoriées dans le cadre de mes recherches.

Ces récifs coralliens présentent des situations contrastées (Tableau II) qui se reflètent à travers :
-   la superficie récifale, de 12 km² à La Réunion à 1 500 km² à Mayotte ;
-   la pression anthropique exercée sur eux, ~ 760 000 habitants (La Réunion) à 0 habitant (Bassas da India) ;
-   la géomorphologie récifale, allant du récif frangeant (Réunion), à l'atoll (Bassas da India), en passant par le récif barrière (Mayotte) et les bancs récifaux (Glorieuses, Juan de Nova).

Tableau II – Principales caractéristiques des îles inventoriées dans le cadre de mes recherches : type de récif, superficie des terres émergées (STE) et des zones récifales (SZR) en km^2 (d'après Gabrié, 1998). * : données de S. Andrefouët (non publiées).

Iles	Types de récif	STE	SZR
La Réunion	Récif frangeant, banc corallien	2 512	12
Mayotte	Récif frangeant, récif barrière	375	1 500
Geyser / Zélée	Banc corallien	0	266 / 175*
Glorieuses	Banc corallien, récif frangeant	5*	196*
Juan de Nova	Banc corallien, récif frangeant	5*	207*

II.1.1. La Réunion

La Réunion (21°07' S, 55°32' E) est une île volcanique appartenant, avec Maurice et Rodrigues, à l'archipel des Mascareignes. Mesurant près de 70 km selon son axe NO-SE et 50 km suivant l'axe transverse, c'est une île aux reliefs montagneux très escarpés (point culminant 3 069 m) qui se prolonge par un plateau sous-marin très étroit (maximum 5 km). Le littoral réunionnais, qui se développe sur environ 210 km, est jalonné, sur sa côte occidentale, par des formations coralliennes discontinues d'une longueur totale de 25 km (Figure 17).

Les principaux édifices coralliens de La Réunion sont de type frangeant : le complexe récifal de Saint Gilles/La Saline qui est le plus étendu (longueur = 9 km, largeur = 500 m max.), les récifs de Saint Leu, de l'Etang-Salé et enfin de Saint Pierre. Sur ces récifs se différencient un arrière-récif (prof. max. 1,5 m), un platier et une pente externe. Bien que la plupart des récifs soit de type frangeant, on observe aussi des plates-formes récifales et des récifs embryonnaires.

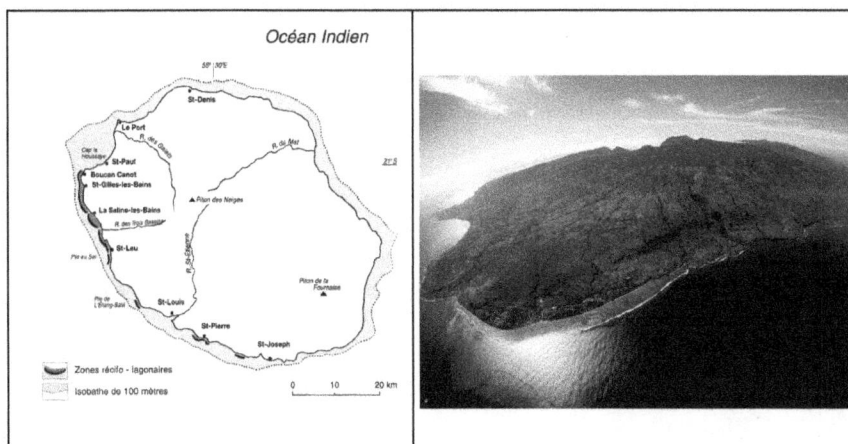

Figure 17 – La Réunion. A : carte avec localisation des récifs coralliens (d'après Gabrié, 1998), B : vue aérienne avec en premier plan le récif frangeant de St-Gilles/La Saline (photo Ah-Koone).

II.1.2. Îles Mayotte, Geyser et Zélée

Mayotte (12°45' S, 45°10' E) est composée de deux îles principales : La Grande Terre (360 km²) d'environ 40 km de long et 20 km de large, et Petite Terre (13 km²), ainsi que d'une vingtaine d'îlots épars dans le lagon (2 km²), d'origine volcanique et/ou corallienne. Le plus haut sommet culmine à 660 m. L'île est entourée d'un complexe récifal de type barrière, qui est développé sur 197 km, pour une surface d'environ 1 500 km² (Figure 18).

Le complexe récifal, d'une largeur comprise de 3 à 15 km, comprend depuis la plage vers la haute mer : des récifs frangeants (160 km), un lagon (profondeur moy. : entre 30 et 45 m, max. 80 m) et un récif barrière entrecoupé de nombreuses passes.

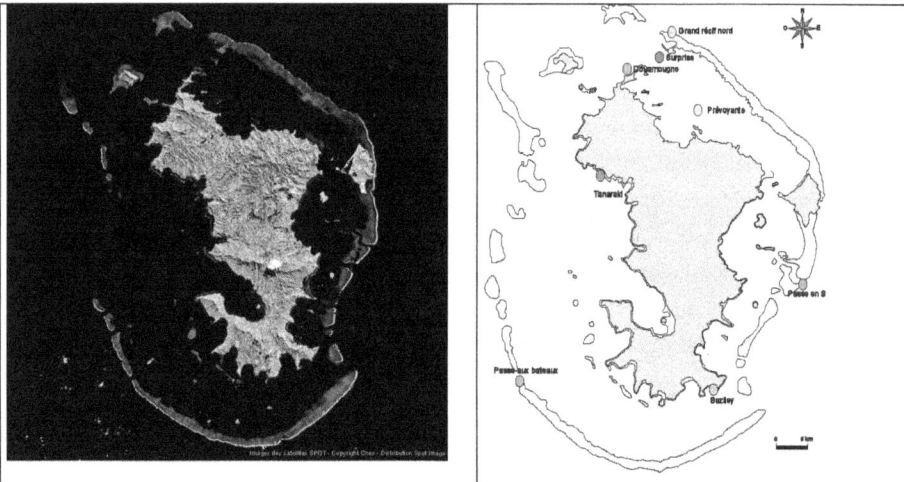

Figure 18 – Ile de Mayotte. A : image satellite (source Internet), B : localisation des stations échantillonnées dans le cadre de l'Observatoire des Récifs Coralliens [A9].

Les bancs de Geyser et Zélée sont rattachés administrativement à Mayotte. Ils sont situés à 130 km au Nord-Est de l'île (Geyser : 12°36' S, 46°55' E, Zélée : 12°5' S, 46°25' E) et à 300 km du Cap d'Ambre (Nord de Madagascar). Ces bancs coralliens sont construits sur des hauts fonds en pleine mer et seules certaines parties du banc de Geyser affleurent à marée basse (Figure 19).

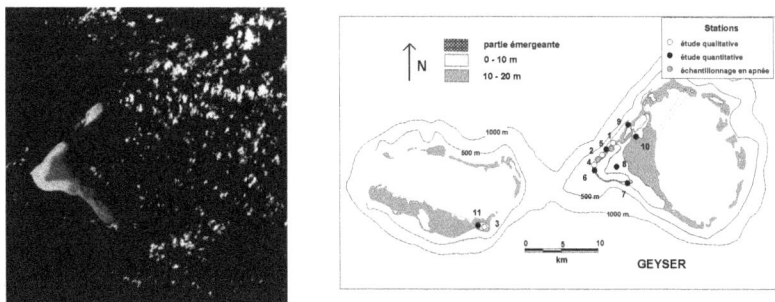

Figure 19 – Bancs coralliens de Geyser et Zélée. A : image satellite du Banc de Geyser (sources données NASA), B : localisation des stations échantillonnées en 1996 [B2].

II.1.3. Îles Eparses (Glorieuses et Juan de Nova)

Les Glorieuses, d'une superficie de 7 km^2, sont des îles coralliennes situées à 220 km du Cap d'Ambre (Madagascar) et à 260 km au NE de Mayotte (11°29' S, 47°23' E). L'archipel est composé de deux îles coralliennes principales, la Grande Glorieuse (3 km dans son plus grand diamètre, altitude max. 12 m) où se trouvent les installations humaines, et l'île du Lys (600 m), entièrement déserte. Deux petits îlots, les Roches Vertes et l'île aux Crabes, et un banc sableux émergeant plus ou moins à marée basse, complètent l'archipel. L'île est bordée d'un récif de type frangeant qui découvre aux grandes marées (Figure 20).

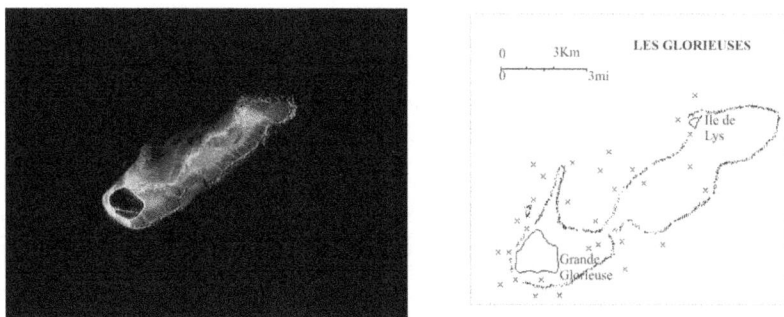

Figure 20 - Les Glorieuses. A : image satellite (sources données NASA), B : localisation (x) des stations échantillonnées en 2002 [B5].

Juan de Nova (17° 03' S, 42° 43' E, 5 km^2) est situé à 175 km de Madagascar, à 285 km des côtes africaines, et 600 km au Sud de Mayotte, dans la partie étranglée du Canal de Mozambique. Cette île en croissant mesure 6 km d'une pointe à l'autre, pour une largeur de 1 600 m (Figure 21). L'île, composée de beach-rock et de dunes de sable pouvant atteindre 12 m de hauteur, est protégée par un vaste lagon et une barrière corallienne. L'île a subi une exploitation de phosphates jusqu'en 1972.

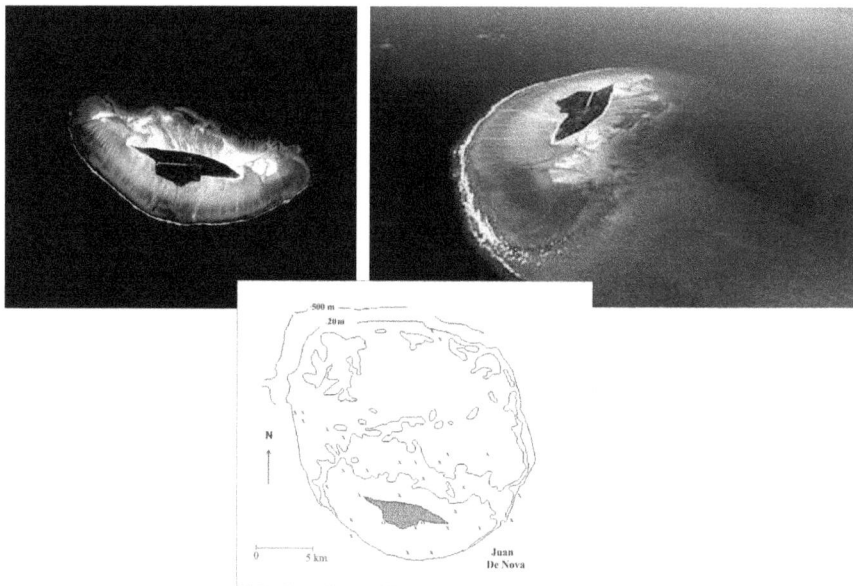

Figure 21 - Juan de Nova. A : image satellite (sources données NASA), B: vue d'ULM (Tec-Tec Production), C : localisation (x) des stations échantillonnées en 2004 [B9].

II.3. Contexte hydrodynamique du SO Océan Indien

Les diversités spécifiques et génétiques des peuplements des récifs coralliens des systèmes insulaires océaniques s'expliquent par les flux migratoires des larves au cours des temps, qui ont conduit à la colonisation des différents récifs plus ou moins isolés à partir de centres de dispersion. Chez les poissons récifaux, ces larves ont acquis des capacités natatoires remarquables : elles sont capables de se déplacer activement sur des dizaines de kilomètres, possèdent un véritable sens de l'orientation (Leis, 1982, 1986 ; Leis & Carson-Ewart, 2000 ; Victor, 1987 ; Wilson & Meekan, 2001) et peuvent détecter un récif corallien situé à plus d'un kilomètre (Kingsford & Choat, 1989 ; Leis *et al.*, 1997 ; Wilson & Meekan, 2001). Ces caractéristiques, combinées à la variabilité du flux larvaire océanique et aux courants océanographiques, déterminent le degré de connectivité entre métapopulations (Sale, 2002, 2004). Il est donc essentiel, pour appréhender les capacités de dispersion des larves, de connaître le contexte hydrodynamique dans lequel elles circulent, contexte qui peut être favorable à l'allo-recrutement (recrutement régional) ou à l'autorecrutement (recrutement local).

Dans la région SO de l'Océan Indien, la circulation générale des eaux est relativement bien connue. Le moteur principal de déplacement des masses océaniques est le Courant Sud Equatorial (CSE) qui circule d'Est en Ouest. Lorsqu'il rencontre Madagascar, il se divise en deux branches (Tomczack et Godfrey, 1994 ; Chapman *et al.*, 2003) (Figure 22) :

1. le Courant du Mozambique qui diverge au niveau de l'archipel des Comores ; une partie redescend au Sud dans le canal du Mozambique et l'autre remonte au Nord le long des côtes africaines (Courant Est Africain côtier). Il forme au niveau de l'archipel des Comores, puis plus bas dans le canal du Mozambique le long des côtes africaines, des courants tourbillonnants.

2. le Courant Est Malgache qui longe les côtes malgaches puis contourne la pointe Sud pour rejoindre le courant des Aiguilles (Agulhas Current). Ce courant d'origine tropicale rencontre, à la pointe Sud de l'Afrique, le puissant courant circumpolaire qui entraîne une grande partie de ses eaux vers l'Est, provoquant de grands tourbillons.

Au Nord du canal du Mozambique, la partie océanique située autour de l'archipel des Comores est une zone de brassage, alimentée par des courants tourbillonnants (Piton, 1989). Plus localement, la zone située au Nord du Cap d'Ambre est connue pour être une zone de convergence de courants et à « upwelling » (Piton, 1989). En effet, la circulation océanique, alimentée notamment par les différents flux du CSE, entraîne dans cette zone des remontées d'eaux profondes, conduisant à des enrichissements importants des eaux de surface en sels nutritifs favorables à des micro-upwellings, riches en plancton (Piton, 1989).

Les cyclones sont susceptibles de bouleverser temporairement cette courantologie générale des eaux superficielles, tant en intensité qu'en direction. De plus, les îles provoquent un hydrodynamisme particulier (« effet d'île ») qui engendre des tourbillons en aval du courant principal. Si le courant est peu important, il a tendance à concentrer les organismes marins dans le cône formé par l'île, alors que si le courant augmente, c'est l'effet inverse qui est observé.

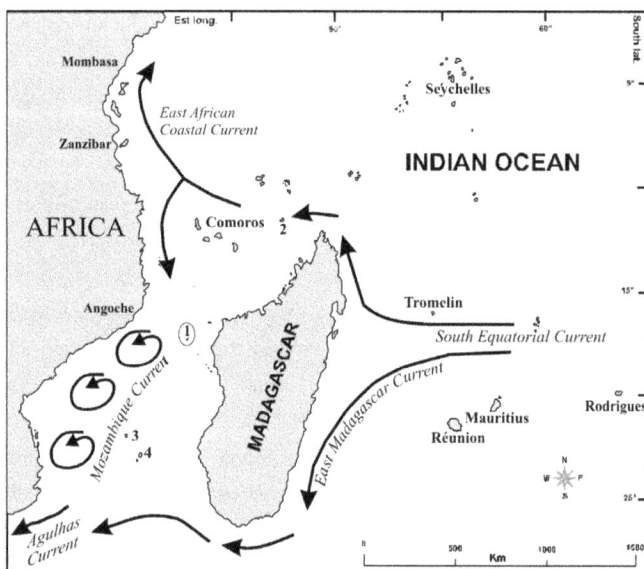

Figure 22 - Courants de surface dans le Sud-Ouest de l'Océan Indien (d'après Chapman *et al.*, 2003).
1 : Juan de Nova, 2 : Glorieuses, 3 : Europa, 4 : Bassas da India.

Le contexte hydrodynamique général du SO de l'Océan Indien favoriserait donc les flux larvaires :

- de Maurice vers la Réunion pour les Iles des Mascareignes,
- de l'archipel des Comores vers le canal du Mozambique au Sud, en passant le long des côtes africaines du Mozambique et/ou au Nord, le long des côtes de Tanzanie et du Kenya.

La partie océanique située au Nord du canal du Mozambique, entre l'archipel des Comores et le Cap d'Ambre, est une zone de brassage des courants qui favoriserait la connectivité entre les populations des îles des Comores (Mayotte incluse), Geyser et Zélée et les Glorieuses.

II.4. Diversité spécifique des peuplements ichtyologiques

La diversité spécifique des peuplements ichtyologiques sera exprimée ici en nombre total d'espèces (richesse spécifique totale ou RS) et en nombre d'espèces par famille, inventoriées dans une région donnée, expertisée dans le cadre de mes missions dans le SO Océan Indien.

Les résultats que j'ai obtenus montrent que la RS observée est variable d'une région à l'autre ; elle varie de 562 espèces observées à La Réunion à 239 espèces à Mayotte. Une plus grande homogénéité de RS est observée sur les bancs récifaux du Canal du Mozambique (Geyser et Zélée, Glorieuses et Juan de Nova) (Tableau III). Ces résultats reflètent davantage un effort et une technique d'échantillonnage différents qu'une réelle différence de diversité spécifique d'une région à l'autre. L'ichtyofaune de l'île de La Réunion ayant été étudiée sur plusieurs années, en compilant des travaux portant sur l'écologie des poissons et sur les pêcheries artisanales, l'inventaire est issu d'un effort d'échantillonnage soutenu dans le temps, combinant des méthodes variées (observations visuelles, pêche, roténone), ce qui n'est pas le cas des inventaires réalisés à Mayotte ou sur les Iles Eparses. Ces derniers ont été effectués lors de missions ponctuelles d'une dizaine de jours, essentiellement par observations visuelles en plongée. Ces observations ont été complétées dans certains cas par l'utilisation d'essence de clou de girofle pour échantillonner les flaques littorales [B8], aux Glorieuses et à Juan de Nova.

Une analyse comparative du nombre d'espèces inventoriées par famille entre les différentes îles (Tableau III) confirme que les différences de RS observées proviennent avant tout de l'échantillonnage. En effet, les différences les plus importantes observées entre La Réunion et les autres îles s'observent surtout dans les familles sous-échantillonnées par observations visuelles, c'est-à-dire les Gobiidae, Blenniidae, Muraenidae, Holocentridae, Apogonidae, Muraenidae et Carangidae. Ces familles contiennent des espèces cryptiques vivant dans la trame récifale (Gobiidae, Blenniidae), nocturnes (Muraenidae, Holocentridae, Apogonidae), camouflées sur le fond (Scorpaenidae) ou encore à large rayon d'action (Carangidae), caractéristiques qui entraînent une sous-estimation de ces populations de visu. Ces familles sont mieux échantillonnées par le biais de la roténone pour les espèces cryptiques et nocturnes, et de la pêche pour les prédateurs à nage rapide et grand rayon d'action. Quant aux Labridae, dont la diversité spécifique est plus forte à La Réunion par rapport aux autres îles, ce résultat reflète davantage un effort d'échantillonnage soutenu dans le temps. Les Labridae sont des petites espèces, dont certaines, présentes en faible quantité, ne sont pas toujours visibles au cours d'une ou deux missions ponctuelles.

La faible RS observée à Mayotte provient en partie du fait que la liste des espèces, utilisée pour les calculs de RS est issue uniquement de mes comptages (données transect) effectués dans le cadre de l'ORC (2000 et 2001). Les courtes durées des missions associées au nombre de stations élevées à effectuer, ne m'ont pas laissé de temps pour des parcours aléatoires qui auraient complétés les données issues des transects. A titre d'exemple, dans le cadre de la mission ORC 2000 qui a duré 9 jours, j'ai échantillonné 9 sites (2 stations par site situées à deux profondeurs différentes, à une exception près), ce qui correspond à 51 transects en tout (3 transects par station). De plus, certaines familles ayant une activité nocturne et vivant cachées le jour (Holocentridae, Apogonidae), n'ont pas été prises en compte lors de l'échantillonnage. Sortant de leur cachette de manière aléatoire la journée (ex. passage de nuages), elles peuvent, de ce fait, biaiser les comparaisons d'abondance entre stations. Un travail est en cours afin de compléter, à partir de résultats d'enquêtes de pêche et de photos, la liste de l'ichtyofaune des récifs coralliens de Mayotte pour qu'elle puisse être publiée.

Tableau III – Richesse spécifique totale (RS) et par famille dans les îles du SO Océan Indien inventoriées dans le cadre de mes recherches (et référence des publications sur les inventaires entre crochets). « RS observée » représente la diversité totale des espèces ichtyologiques récifales inventoriées. « RS théorique » est calculée d'après la formule d'Allen & Werner (2002), calcul basé sur le nombre d'espèces des six familles les plus facilement identifiables par observations visuelles (encadrées). * : familles non prises en compte lors de l'échantillonnage.

	La Réunion [B6]	Mayotte	Geyser & Zélée [B2]	Glorieuses [B5, B8]	Juan de Nova [B9]
RS observée	562	239	294	347	299
RS théorique	565	423	433	468	423
Labridae	62	39	38	46	41
Gobiidae	48	3	6	9	8
Serranidae	44	21	23	27	22
Pomacentridae	40	32	34	36	28
Muraenidae	33	2	3	6	5
Blenniidae	32	4	6	10	11
Acanthuridae	29	21	22	24	24
Lutjanidae	26	7	7	9	10
Chaetodontidae	24	20	20	17	18
Holocentridae	23	*	13	9	6
Carangidae	21	3	7	8	9
Scorpaenidae	19	1	2	3	4
Balistidae	19	7	10	10	9
Apogonidae	18	*	7	6	6
Tetraodontidae	18	7	8	8	7
Mullidae	15	5	7	9	7
Syngnathidae	14	1	0	0	0
Scaridae	14	14	14	14	12
Monacanthidae	13	1	4	3	2
Lethrinidae	13	5	8	9	8
Carcharhinidae	12	0	3	1	4
Pomacanthidae	10	5	6	7	8

Afin de comparer des richesses spécifiques totales (RS) obtenues par différentes méthodes d'échantillonnage, certains auteurs (Werner & Allen, 1998 ; Allen & Werner, 2002) recommandent l'utilisation d'un indice de diversité pour les poissons récifaux (CFDI : Coral Fish Diversity Index), indice calculé à partir des six familles les plus facilement identifiables par observations visuelles en plongée : Chaetodontidae, Pomacanthidae, Pomacentridae, Labridae, Scaridae et Acanthuridae. Ce calcul est fonction de la taille des îles échantillonnées.

- Si la zone fait moins de 2 000 km² (cas de La Réunion, Mayotte, Iles Eparses), la formule est la suivante :

$$\boxed{\text{RS théorique} = 3{,}39\ \text{CFDI} - 20{,}595}$$

- Si la zone fait plus de 50 000 km² (cas de Madagascar) :

RS théorique = 4,234 CFDI – 114,446

La faible différence entre RS observée et RS théorique est remarquable pour la Réunion (562 et 565 espèces respectivement, Tableau III) ; ce qui montre que pour une zone où l'effort d'échantillonnage a été soutenu, ces six familles sont, à elles seules, capables de prédire la richesse spécifique totale en poissons récifaux de la zone d'étude. Ce résultat met l'accent sur la pertinence de l'indice de diversité (CFDI) pour estimer la diversité totale des poissons récifaux à un endroit donné. De plus, les RS théoriques obtenues sont toujours plus fortes que les RS observées (>25% d'espèces en plus), particulièrement pour Mayotte où la RS théorique comptabilise 43% d'espèces en plus. Ce résultat provient essentiellement du fait que les diversités spécifiques ont été calculées uniquement à partir de transects (250 m²) et de l'exclusion de certaines familles lors des comptages (Holocentridae, Apogonidae).

En comparant les RS théoriques des îles ayant été inventoriées avec un effort d'échantillonnage à peu près équivalent, c'est-à-dire les îles du Canal du Mozambique (Mayotte, Geyser et Zélée, Les Glorieuses, Juan de Nova) (Tableau III), on constate que :
1) les RS rencontrées dans la zone sont proches, mais inférieures de celles trouvées à partir du modèle établi sur l'Indo-Pacifique par Connely et al. (2003). D'après ce modèle, la diversité spécifique des poissons récifaux décroît de l'archipel Indo-Australien vers l'Ouest de l'Océan Indien jusqu'aux longitudes 65°et 45°E. Entre les longitudes 42 et 47°E, ce qui correspond aux îles étudiées, ces auteurs estiment la richesse des poissons récifaux à environ 480 espèces, chiffres légèrement inférieurs à nos estimations de RS théoriques. Il existe peu d'inventaires publiés dans la zone SO Océan Indien ; des listes sont disponibles pour le Sud de Madagascar (552 espèces, Harmelin-Vivien, 1979), l'Afrique du sud (>2000 espèces incluant toutes les espèces de poissons marins, Smith & Heemstra, 1986), les Maldives (899 espèces, Randall & Anderson, 1993), l'archipel des Mascareignes dont Rodrigues (991 et 254 espèces respectivement, Fricke, 1999), et les quatre îles inventoriées dans le cadre de mes recherches (Réunion, Geyser et Zélée, Glorieuses, Juan de Nova) [B6, B2, B5, B8,

B9]. Il serait intéressant, à partir de ces listes, de calculer les indices de diversité de poissons (CFDI) d'Allen & Werner (2002) et de comparer les présences et absences des espèces entre les différentes îles pour une analyse biogéographique plus poussée de la zone SO Océan Indien.

2) Les RS obtenues à partir de nos résultats sont relativement homogènes dans la zone étudiée. De 423 espèces à Mayotte et Juan de Nova, on passe à 433 espèces à Geyser et Zélée, puis à 468 aux Glorieuses (Tableau III). Cette homogénéité des RS peut paraître surprenante au vu des situations contrastées observées entre ces différentes îles, notamment en ce qui concerne leurs superficies terrestre et récifale (Tableau II).

3) Les RS sont relativement élevées si on prend en compte que ces îlots sont de petite taille et isolés géographiquement. À Madagascar (île « continent »), une RS théorique de 567 espèces a été calculée à partir des données de Harmelin-Vivien sur Tuléar (1979) et environ 400 espèces pour le Kenya (MacClanahan, comm. pers.). Si on compare le banc récifal des Glorieuses [B5] au récif barrière de Tuléar (Harmelin-Vivien, 1979), seulement 17 % d'espèces en plus sont représentées à Madagascar. Ainsi, les îlots isolés (Iles Eparses, Geyser et Zélée) peuvent avoir une diversité spécifique élevée, résultat qui va à l'encontre de l'idée communément admise que la RS décroît avec la taille des îles et leur isolement (Hourigan et Reese, 1987 ; Randall, 1998), comme c'est le cas dans les écosystèmes terrestres (Mac Arthur & Wilson, 1967).

L'auto-recrutement peut être fréquent dans des zones isolées (Jones *et al.*, 1999; Cowen *et al.*, 2000; Fowler *et al.*, 2000), et de ce fait, il pourrait constituer une part importante du recrutement ichtyologique des bancs récifaux du Canal du Mozambique. Cependant, l'homogénéité des RS dans la zone, combinée aux valeurs relativement élevées de celle-ci, iraient dans le sens d'un auto-recrutement associé à un recrutement régional favorisé par le contexte hydrodynamique du Nord du Canal du Mozambique. La richesse spécifique de ces bancs coralliens peut être aussi reliée à l'absence de pression anthropique directe, du fait de leur isolement (bancs de Geyser et Zélée) ou de leur inaccessibilité (Iles Eparses). Cette absence de pression anthropique se traduit par une biomasse en prédateurs importante (jusqu'à 214 g/ m^2 aux Glorieuses et 162 g/ m^2 à Juan de Nova, données non publiées). Néanmoins, cette ressource est fragile comme j'ai pu le constater lors de mes missions successives sur le banc de Geyser (1996, 2000 et 2002). Avec l'utilisation des GPS devenue courante de nos jours, le banc de Geyser est de moins en moins isolé de la pression anthropique. La pêche de plus en soutenue a entraîné une chute importante de la biomasse des prédateurs entre 1996 et 2002 (>70%, données non publiées) et le comportement craintif des poissons vis-à-vis des plongeurs montre que la pêche sous-marine y est fréquente. Une telle chute de biomasse souligne la vulnérabilité de ces îlots face à une pression anthropique grandissante.

Les inventaires réalisés au cours de mes recherches dans le sud-ouest de l'Océan Indien ont été effectués pour la plupart par observations visuelles en plongée. Ces listes d'espèces ne sont donc exhaustives, mais constituent un point de départ pour des inventaires plus complets en utilisant d'autres moyens d'investigation (roténone, pêche). Ces inventaires présentent néanmoins un réel intérêt pour des analyses comparatives entre les îles de la zone SO Océan Indien. Les richesses spécifiques obtenues sont comprises entre 562 et 299 espèces (Réunion et Juan de Nova respectivement). L'effort d'échantillonnage beaucoup plus soutenu à la Réunion explique en partie la plus forte diversité spécifique des peuplements de poissons récifaux rencontrés à La Réunion par rapport à ceux des autres îles, échantillonnées lors de missions plus ponctuelles.

Malgré les courtes durées des missions effectuées dans les îles et bancs récifaux du canal du Mozambique, ainsi que les méthodes d'échantillonnage visuelles qui sous-estiment le peuplement global, les richesses spécifiques des peuplements ichtyologiques sont relativement élevées, tout particulièrement pour les bancs isolés et de faible superficie (Geyser, Iles Eparses). Ce résultat qui contredit l'idée communément admise que la diversité spécifique du peuplement ichtyologique décroît avec la taille de l'île et son isolement géographique, peut s'expliquer de différentes façons. D'une part, le contexte hydrodynamique du Nord du Canal du Mozambique favoriserait la connectivité entre les populations et de ce fait, diminuerait l'isolement de ces îles et bans récifaux. D'autre part, la faible pression anthropique, voire son absence sur les Iles Eparses, favoriserait également la diversité des peuplements. Cependant, ces systèmes isolés et de petite taille sont aussi plus vulnérables vis-à-vis d'une pression anthropique grandissante, comme le montre la chute de biomasse importante observée sur le banc Geyser entre 1996 et 2002.

Dynamique par sa nature, le monde vivant, appréhendé ici à travers les peuplements de poissons récifaux, doit être étudié à ses différents niveaux d'organisation (du gène à la population) mais aussi au cours au temps, pour mieux en comprendre son fonctionnement. Il serait intéressant dans le futur, de poursuivre ces études dans le SO de l'Océan Indien en utilisant la même méthodologie afin de pouvoir comparer et suivre l'évolution les diversités spécifiques dans cette zone. Des inventaires réalisés plus au Sud du canal du Mozambique, à Europa et Bassas da India, permettraient de tester l'hypothèse d'une richesse spécifique qui diminue avec la latitude pour une longitude comprise entre 42° et 45° E. Une étude comparative des espèces ichtyologiques rencontrées entre les différentes îles permettrait une analyse biogéographique plus poussée de la zone, en incluant des études génétiques pour appréhender le potentiel dispersif des espèces au cours des temps. Néanmoins, il ne s'agit pas d'établir des inventaires définitifs, mais de se doter de dispositifs de suivi régulier (ex. stations COI-GCRMN) pour en suivre l'évolution, tout particulièrement dans un contexte de changements globaux où la dynamique temporelle est accélérée.

III. Impacts des facteurs de l'environnement et des perturbations sur les populations et les peuplements de poissons récifaux

Même si les perturbations naturelles peuvent être accentuées aujourd'hui par des perturbations anthropiques, je dissocierai ces deux types de perturbations dans le cadre de mon mémoire.

Les écosystèmes coralliens peuvent être perturbés par l'augmentation du gaz carbonique dans l'atmosphère *via* le réchauffement des eaux de surface océaniques qu'il engendre. Cette hausse « naturelle » de température, amplifiée en 1998, dans le Pacifique Sud par le courant chaud El Niño, favorise le blanchissement des récifs coralliens. Les cyclones ont un impact direct de destruction *via* les forces hydrodynamiques engendrées par la houle. Par ailleurs, les pluies cycloniques entraînent souvent une forte sédimentation du milieu récifal qui est néfaste aux coraux. Les effets sont plus marqués en aval des bassins versants qui sont touchés par les activités humaines (mines, exploitations agricoles, terrassements...). L'étoile de mer épineuse *Acanthaster planci,* qui se nourrit de tissus coralliens, peut pulluler et provoquer d'importants dégâts sur les récifs coralliens. Les maladies des coraux d'origine bactérienne (ex. maladie de la bande noire et maladie de la bande blanche) se sont manifestées de manière irrégulière à la surface du globe, et principalement dans les Caraïbes. Les études sur l'impact des perturbations naturelles auxquelles j'ai été associée concernent d'une part, les cyclones, dont les impacts sur les peuplements ichtyologiques ont été étudiés à La Réunion (Firinga en 1989, Odille en 1994 et Harry en 2002) et d'autre part, le blanchissement corallien analysé à Mayotte après ENSO 1998.

L'urbanisation accrue des milieux littoraux accompagnant la croissance démographique ainsi que le développement touristique entraînent de plus en plus de modifications des milieux côtiers et récifaux. Ainsi, les impacts anthropiques sur le milieu marin ne cessent d'augmenter à l'échelle mondiale. Les plus importantes sources de dégradations d'origine anthropique sur les récifs coralliens, sont dues (Brown & Howard, 1985 ; Salvat, 1987 ; Grigg & Dollar, 1990 ; Harmelin-Vivien, 1992) : à la sédimentation accrue due à l'érosion des sols ou aux aménagements littoraux; aux rejets d'eaux usées domestiques et industriels, provoquant souvent des phénomènes d'eutrophisation ; aux rejets de produits chimiques et pétroliers, et des rejets d'eaux chaudes de refroidissement des centrales électriques ; à tous les types de pêche au poison et à la dynamique et de récolte massive de coraux et de coquillages. Les études sur l'impact des perturbations liées aux activités humaines, auxquelles j'ai été associée, sont ramenées au contexte réunionnais, à travers les conséquences de l'eutrophisation en milieu corallien sur les peuplements ichtyologiques.

Avant d'analyser l'impact des perturbations sur les peuplements ichtyologiques, je présenterai d'abord le rôle de l'habitat corallien pour les poissons récifaux, ainsi que les facteurs de l'environnement qui influencent cet habitat (III.1). La prise en compte de l'habitat est essentielle pour analyser les impacts des perturbations sur les peuplements ichtyologiques, les poissons récifaux étant par définition liés à leur habitat corallien par des liens souvent complexes. La dégradation de l'habitat est souvent l'élément déclencheur des perturbations, qui seront ensuite observées sur les peuplements de poissons. Puis, j'aborderai ensuite les perturbations naturelles de type cyclone et blanchissement massif (III.2), et les perturbations anthropiques à travers l'exemple de l'eutrophisation (III.3). Leurs conséquences sur les peuplements et populations ichtyologiques seront analysées en fonction des types de perturbations rencontrées.

III.1. Rôle de l'habitat pour les peuplements de poissons

Pour un organisme, l'habitat peut être défini succinctement comme un lieu où il vit, qui lui procure nourriture et abri. Pour les poissons, il peut être déterminé comme étant le milieu aquatique associé au substrat qui leur est nécessaire pour s'alimenter, croître jusqu'à maturité et se reproduire (Benaka, 1999). Cet habitat n'est pas toujours défini une fois pour toutes, les exigences écologiques, physiologiques et biologiques d'un organisme pouvant varier au cours des étapes de son cycle de vie. L'ensemble des habitats et des ressources nécessaires à chaque phase du cycle de vie correspond à la niche ontogénique de l'espèce. De manière plus complète, l'habitat peut désigner la position qu'occupe à un instant donné, une forte densité d'individus parvenus à un certain stade de développement et qui optimisent le compromis entre différentes contraintes biologiques et écologiques (Levêque, 2001). L'habitat est donc une notion dynamique qui doit intégrer les mouvements des poissons au cours de leur développement (échelle temporelle), mais aussi l'espace qu'ils occupent à un moment donné de leur ontogenèse (échelle spatiale).

Pour les poissons récifaux, cet espace est essentiellement façonné par les coraux constructeurs de récif qui, à travers les processus de calcification, bâtissent le support nécessaire à la vie récifale extrêmement diversifiée. La complexité des écosystèmes coralliens conduit à considérer plusieurs échelles spatiales d'observations, de la petite (ou micro) à la large échelle (ou macro), en passant par la méso échelle, pour appréhender le fonctionnement général du système. Ces échelles permettent d'associer les différents niveaux d'organisation fonctionnelle du peuplement ichtyologique (de l'individu à la métapopulation) à un habitat potentiel (de la colonie à la région biogéographique).

Cette notion d'habitat diffère d'une espèce à l'autre, conditionnant ainsi la dynamique de l'organisation spatiale des peuplements ichtyologiques et des communautés associées au récif corallien. Dans le cadre de mes études sur l'écologie de poissons, j'ai essentiellement travaillé à l'échelle du biotope (méso échelle) que je développerai ici. C'est l'échelle de prédilection utilisée en écologie pour comprendre les facteurs responsables de la mise en place des peuplements dans un écosystème donné et leur variabilité spatio-temporelle.

Trois paragraphes seront développés dans ce chapitre pour définir d'une part, ce que représente l'habitat pour des poissons associés aux récifs coralliens et d'autre part, appréhender son rôle dans la mise en place des peuplements de poissons récifaux.

1. Cycle de vie des poissons récifaux

2. Habitat corallien, approche multi-spatiale

3. Facteurs responsables de la mise en place des peuplements ichtyologiques

III.1.1. Cycle de vie des poissons récifaux

Chez les poissons des récifs coralliens, inféodés aux milieux marins tropicaux, les habitats vont varier selon les espèces et les stades ontogéniques. La majorité des poissons récifaux ont un cycle de vie complexe avec une phase larvaire en milieu pélagique (*phase de dispersion*), à l'issue de laquelle des larves retournent vers le récif (recrutement larvaire) pour y continuer leur développement en juvéniles, puis en adultes adaptés à un milieu benthique (Leis, 1991). À la fin de leur vie pélagique, les larves colonisent les récifs coralliens pour s'y installer (*phase d'installation*) ; elles se transforment en post-larves, puis rapidement deviennent des juvéniles benthiques. Durant la phase *post-installation*, les juvéniles poursuivent leur développement ontogénique et, pour optimiser leur survie et leur croissance, peuvent changer une fois de plus de milieu. Pour ces juvéniles, la sélection de l'habitat serait guidée par la qualité du refuge vis-à-vis des prédateurs, leurs disponibilités en ressources alimentaires et les interactions entre les résidents. Lorsque les juvéniles deviennent sexuellement matures, ils intègrent alors les populations d'adultes, phase qui correspond au *recrutement* [3]. Lors de la reproduction, les adultes produiront des millions d'œufs qui, dès l'éclosion, se transforment en larves prêtes pour leur voyage en milieu pélagique (Figure 23).

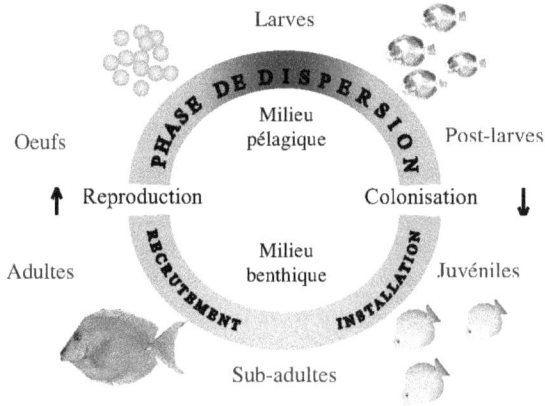

Figure 23 – Cycle biologique des poissons récifaux (illustrations C. Mellin)

Le cycle biologique des poissons récifaux ne pourra s'accomplir que si l'individu trouve les conditions nécessaires à son développement à chacune des étapes de son ontogenèse.

---

[3] Le terme « recrutement » pourra désigner dans le texte, soit la phase de colonisation des récifs par les larves ou recrutement larvaire (de l'anglais « recruitment »), soit l'intégration des juvéniles aux populations d'adultes.

III.1.2. Habitat corallien, approche multi-spatiale

La difficulté d'analyser des écosystèmes complexes comme les récifs coralliens, provient notamment de l'imbrication des différentes échelles de fonctionnement (de l'individu à la métapopulation), à laquelle se superpose une composante temporelle inhérente aux systèmes dynamiques. Ces considérations nous amènent à examiner plusieurs échelles d'observations qui vont caractériser la notion d'habitat au sens large (Figure 24). Elles permettent d'aborder les différents niveaux d'organisation du système et les facteurs environnementaux impliqués de la petite à la grande échelle [A12].

La petite ou micro-échelle correspond au micro-habitat (0-10 m), représentée par la colonie corallienne (ensemble d'individus) ; celle-ci crée un microcosme offrant abri et nourriture à une variété d'espèces. De l'agrégation spatiale de ces colonies apparaît un paysage structuré par les formes des colonies, qui peuvent être identiques ou différentes. Le paysage est davantage une unité architecturale que fonctionnelle. Il peut abriter de nombreux organismes (mollusques, crustacés, poissons, algues, coraux...) qui sont reliés les uns aux autres par des liens trophiques complexes (réseau trophique). Le concept d'habitat se réfère souvent à cette échelle. L'influence de la « petite échelle » sur les poissons récifaux se traduirait davantage par la disponibilité en ressources, les caractéristiques du refuge et les interactions intra- et interspécifiques, et ce, de l'installation jusqu'au recrutement (Williams, 1991 ; Risk, 1998).

La méso échelle (10 m-10 km) fait référence au biotope, c'est-à-dire à un ensemble de colonies coralliennes appartenant à la même unité géomorphologique (ex. platier, arrière-récif, pente externe). Cette échelle englobe également l'ensemble des biotopes appartenant au même type de récif (ex. récifs frangeant, barrière, atoll). Les unités fonctionnelles de ces deux niveaux d'organisation correspondraient aux communautés (ensemble de peuplements) pour le biotope, et à l'écosystème pour le type de récif. Ainsi, peut-on, par exemple, définir un peuplement ichtyologique de platier, appartenant à l'écosystème récifal de type frangeant de St-Gilles / La Saline. Pour les peuplements de poissons, cette échelle est essentiellement influencée par les facteurs physiques et hydrodynamiques contrôlant la dynamique des populations au travers des variations spatio-temporelles du recrutement (Doherty, 1991 ; Cowen *et al.*, 2000 ; Mora & Sale, 2002). Les études ayant trait au suivi des peuplements et communautés, en relation avec des programmes de gestion et de conservation, se réfèrent le plus souvent à cette échelle.

La large ou macro-échelle peut couvrir un ensemble aussi vaste qu'une région biogéographique (> 100 km), englobant l'ensemble des colonies coralliennes rencontré sur une île, puis un ensemble d'îles et archipels exposés à un même hydroclimat. A cette échelle, l'influence hydrodynamique régionale permet d'expliquer les variations latitudinales de richesse spécifique observées pour les peuplements ichtyologiques dans une région donnée (Victor, 1991 ; Belwood & Hughes, 2001).

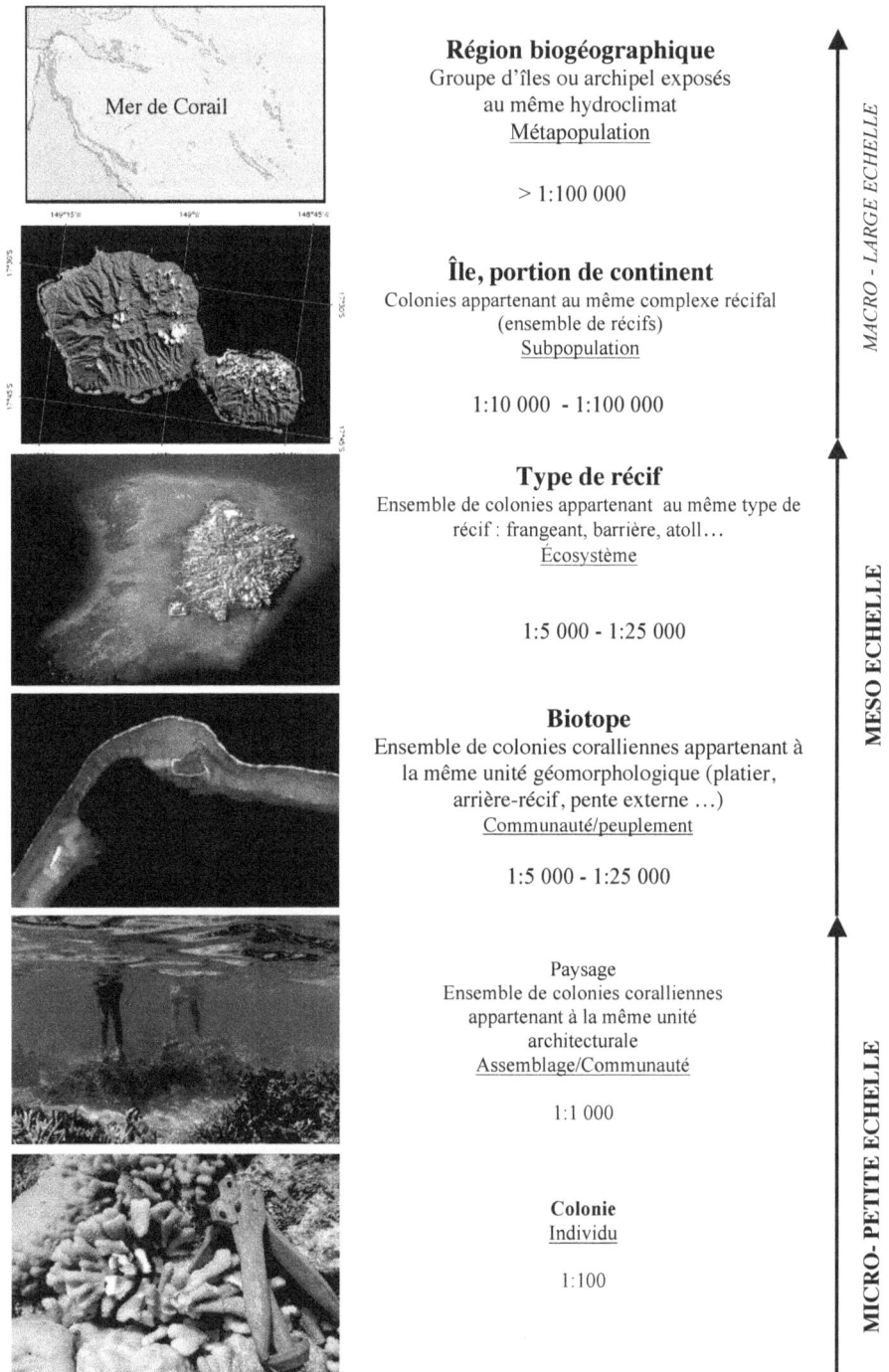

Région biogéographique
Groupe d'îles ou archipel exposés
au même hydroclimat
Métapopulation

> 1:100 000

Île, portion de continent
Colonies appartenant au même complexe récifal
(ensemble de récifs)
Subpopulation

1:10 000 - 1:100 000

Type de récif
Ensemble de colonies appartenant au même type de
récif : frangeant, barrière, atoll…
Écosystème

1:5 000 - 1:25 000

Biotope
Ensemble de colonies coralliennes appartenant à
la même unité géomorphologique (platier,
arrière-récif, pente externe …)
Communauté/peuplement

1:5 000 - 1:25 000

Paysage
Ensemble de colonies coralliennes
appartenant à la même unité
architecturale
Assemblage/Communauté

1:1 000

Colonie
Individu

1:100

MACRO - LARGE ECHELLE

MESO ECHELLE

MICRO- PETITE ECHELLE

Figure 24 – Approche multi-spatiale de l'habitat corallien, décrit selon sa représentativité à l'échelle considérée, sa fonction écologique (en italique) et l'échelle cartographique associée. Les illustrations des micro et méso échelles présentent quelques perturbations physiques de l'habitat induites par l'homme (voir III.2.1) : ancre, piétinement, essai nucléaire (Bikini, Iles Marshall), comblement avec des coraux (San Blas, Panama) [A12]

Le choix de l'échelle spatiale lors de l'échantillonnage est guidé par les objectifs de l'étude en relation avec le stade ontogénique étudié. Pour les poissons récifaux, la petite échelle sera la mieux adaptée pour étudier post-larves et juvéniles (processus d'installation et post-installation), la moyenne échelle pour les stades juvéniles « avancés » et adultes (processus de recrutement, peuplements en place), et la large échelle pour les larves (processus de dispersion). Dans le cadre de mes recherches, j'ai essentiellement travaillé à méso échelle, la mieux adaptée à l'étude des peuplements.

III.1.3. Facteurs responsables de la mise en place des peuplements ichtyologiques

Malgré leur apparente mobilité, la plupart des poissons récifaux vivent, à un stade donné de leur ontogenèse, dans une zone précise du récif, occupant dans celle-ci un habitat déterminé (Harmelin-Vivien, 1989). Cet habitat va jouer un rôle essentiel dans la distribution des espèces qui vont se répartir en fonction de leurs besoins (abri, nourriture) et des interactions qu'elles peuvent avoir avec les autres organismes peuplant le milieu. Les principaux facteurs responsables de la mise en place des peuplements ichtyologiques sur les récifs coralliens, vont être recherchés à travers l'analyse des données issues de la mission que j'ai effectuée à Mayotte en 2000, dans le cadre de la mise en place de l'Observatoire des Récifs Coralliens (ORC).

Ex. Peuplements ichtyologiques des récifs coralliens de Mayotte [A9]

L'île de Mayotte est entourée d'un complexe récifal ($\sim 1\,500$ km^2) de type barrière, englobant des récifs internes frangeants, intermédiaires (récifs plate-forme) et externes (récifs barrières). Dans le cadre de l'ORC 2000, j'ai échantillonné 9 sites répartis tout autour de l'île et positionnés de la côte vers le large (Figure 25).

Sur les récifs frangeants, l'hydrodynamisme est variable selon les sites. Douamougno (DO) est le site le plus soumis à l'influence océanique (mode battu), Saziley (SA) et Longoni (LO), à l'abri à l'intérieur d'une baie, sont les sites les moins soumis à cette influence (mode calme) alors que Tanaraki (TA) a des caractéristiques hydrodynamiques intermédiaires. Sur les récifs intermédiares (ou plate-forme), Surprise (SU), du fait de sa proximité avec la passe de M'Zamboro, est soumis à l'influence des eaux océaniques, avec de forts courants de marées. Prévoyante (PR), situé en position centrale à l'intérieur du grand complexe récifal du Nord-Est, se trouve à l'intérieur d'une zone de convergence des eaux lagonaires (SE et NW) favorable au développement des Scléractiniaires. Sur le récif barrière, les trois sites sont situés sur la pente externe et, de ce fait, sont soumis à un fort hydrodynamisme, tout particulièrement le Grand Récif du Nord-Est (GR), exposé de plein fouet à la houle dominante. La Passe aux Bateaux (PB), située au niveau de la double barrière corallienne, est le site le plus éloigné de la côte ; il est soumis à des courants souvent très violents. La Passe en S (PS), destination touristique privilégiée pour la plongée sous-marine, est une aire marine protégée, la pêche y étant exclue depuis 1990.

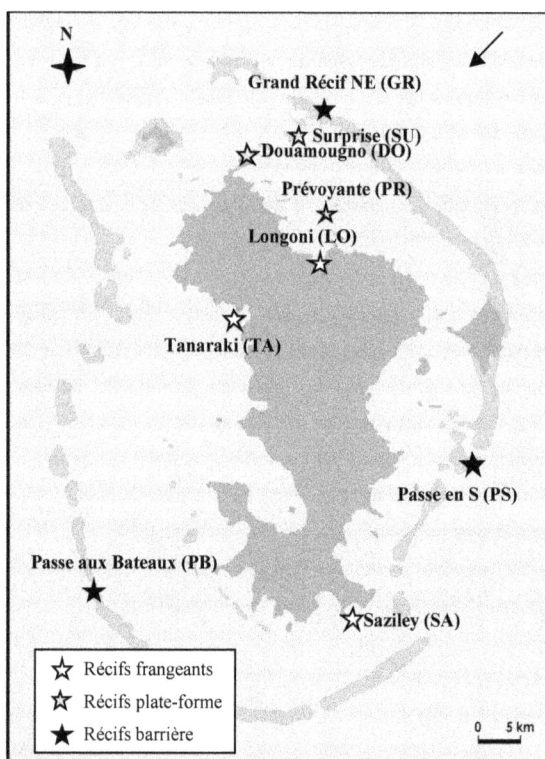

Figure 25 – Localisation et typologie des sites échantillonnés dans le cadre de l'ORC (Observatoire des Récifs Coralliens) à Mayotte. La flèche représente le sens de la houle dominante.

Sur chacun des sites, l'échantillonnage a été effectué par observations visuelles sur deux stations positionnées à différentes profondeurs (Tableau IV) selon la méthode COI. Sur chacune des stations, 3 comptages ont été effectués (51 transects au total).

Tableau IV - Terminologie des stations échantillonnées (- : absence d'échantillonnage).

| Type de récifs | Sitess | Stations | | |
		0 m	-3 m	-6 m
FRANGEANT	Tanaraki	TA0	TA3	-
	Douamougno	DO0	DO3	-
	Saziley	SA0	SA3	-
	Longoni	-	LO3	-
INTERNE	Prévoyante	PR0	PR3	-
	Surprise	SU0	SU3	-
BARRIERE	Grand Récif NE	-	GR3	GR6
	Passe en S	-	PS3	PS6
	Passe aux Bateaux	-	PB3	PB6

Des Analyses Factorielles des Correspondances (AFC), effectuées à partir de tableaux croisant espèces et stations, ont été réalisés sur les données qualitatives (présence/absence) et quantitatives (nombre d'individus). L'AFC réalisée sur les données qualitatives montre que l'axe 1 différencie essentiellement les stations en fonction de leur géomorphologie. En effet, les stations situées sur les récifs barrières sont opposées à celles des récifs internes et frangeants, à l'exception de DO3 et SU3, stations soumises à l'influence océanique et à un fort hydrodynamisme. L'axe 2 discrimine les stations des récifs frangeants en fonction de leur profondeur, celles des récifs barrières et internes restant relativement regroupées (Figure 26). Sur les données quantitatives, l'axe 1 oppose les stations situées sur les passes des récifs barrières (PS et PB) des autres stations. L'axe 2 démarque surtout la station de DO3, les autres stations ayant tendance à se différencier selon leur profondeur (Figure 27). La « spécificité » de Douamougno (DO3) est due à la présence de bancs importants de carangues lors de l'échantillonnage, mais il reste à savoir si leur présence est réellement une caractéristique du site ou simplement liée à un phénomène épisodique.

Les résultats de l'AFC mettent en avant trois points principaux :

• Les peuplements se regroupent avant tout en fonction des zones géomorphologiques. On distingue un peuplement de récif frangeant, de récif intermédiaire et de récif barrière, avec une forte différenciation entre les peuplements situés à l'extérieur de la barrière et ceux se trouvant à l'intérieur (intermédiaires et frangeants), sauf cas particuliers (influence océanique).

- La profondeur ne discrimine pas les peuplements de récif barrière entre 3 et 6 m, et ceux des récifs intermédiaires entre 0 et 3 m. En revanche, elle joue un rôle important dans la structuration des peuplements de récifs frangeants, différenciant ceux situés à 0 m (platier) de ceux situés à 3 m (pente interne).

Sur Saziley, la similarité des peuplements entre 0 et 3 m peut provenir de la proximité des stations SA0 et SA3, associée au fait que l'échantillonnage de SA3 a été effectué à marée basse. Les espèces situées sur le platier (SA0) ont pu ainsi se déplacer sur la pente interne (SA3) lors de la prise des données. Ce point souligne l'importance d'échantillonner les peuplements par observations visuelles en plongée dans des conditions environnementales les plus proches possibles.

- Les facteurs hydrodynamiques jouent également un rôle important dans la structuration des peuplements ichtyologiques, tout particulièrement le courant.

L'hydrodynamisme intervient indirectement dans la mise en place des peuplements ichtyologiques *via* le rôle majeur qu'il joue sur la structuration des peuplements de Scléractinaires, à la base de l'habitat des poissons récifaux. Il intervient également plus directement dans la structure même du peuplement ichtyologique, en favorisant la présence d'espèces planctonophages vivant dans la colonne d'eau et affectionnant particulièrement des zones de passe riches en plancton. Ces espèces, souvent composées d'individus grégaires, peuvent augmenter considérablement l'abondance totale du peuplement, comme cela a été observée sur la pente externe du récif barrière (PB, PS et GR).

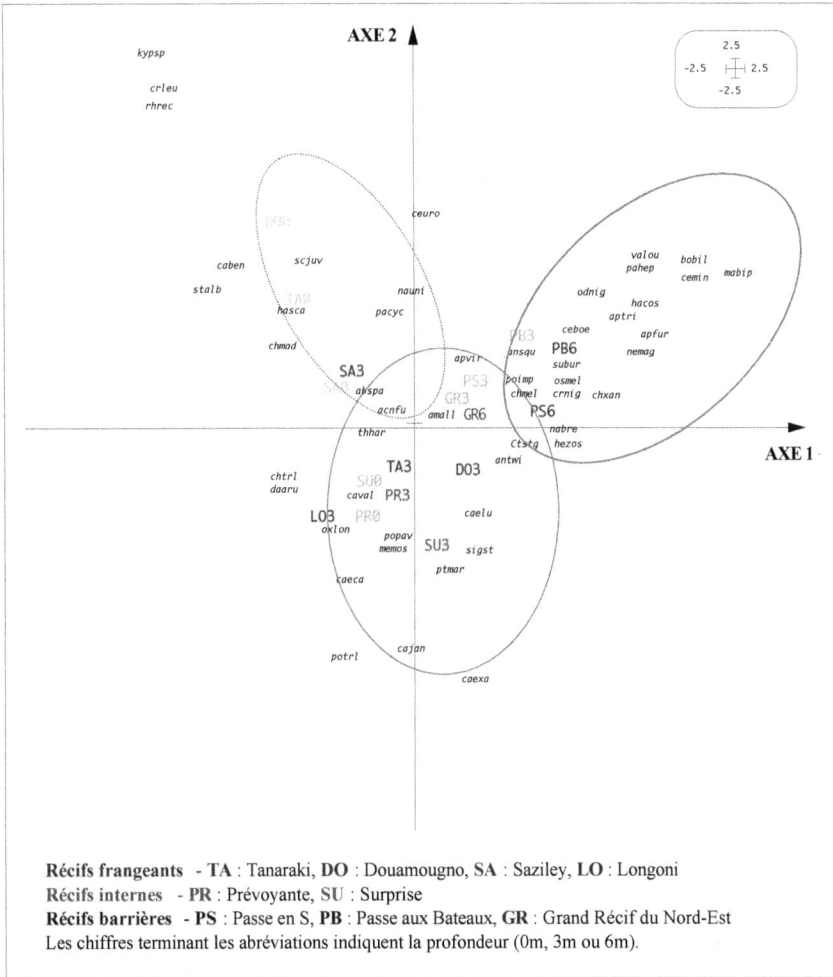

Figure 26 - Analyse Factorielle des Correspondances réalisée sur les données qualitatives. Pour les espèces, les deux premières lettres sont représentatives du genre, et les trois dernières lettres de l'espèce. Le détail des abréviations est donné en annexe 3.

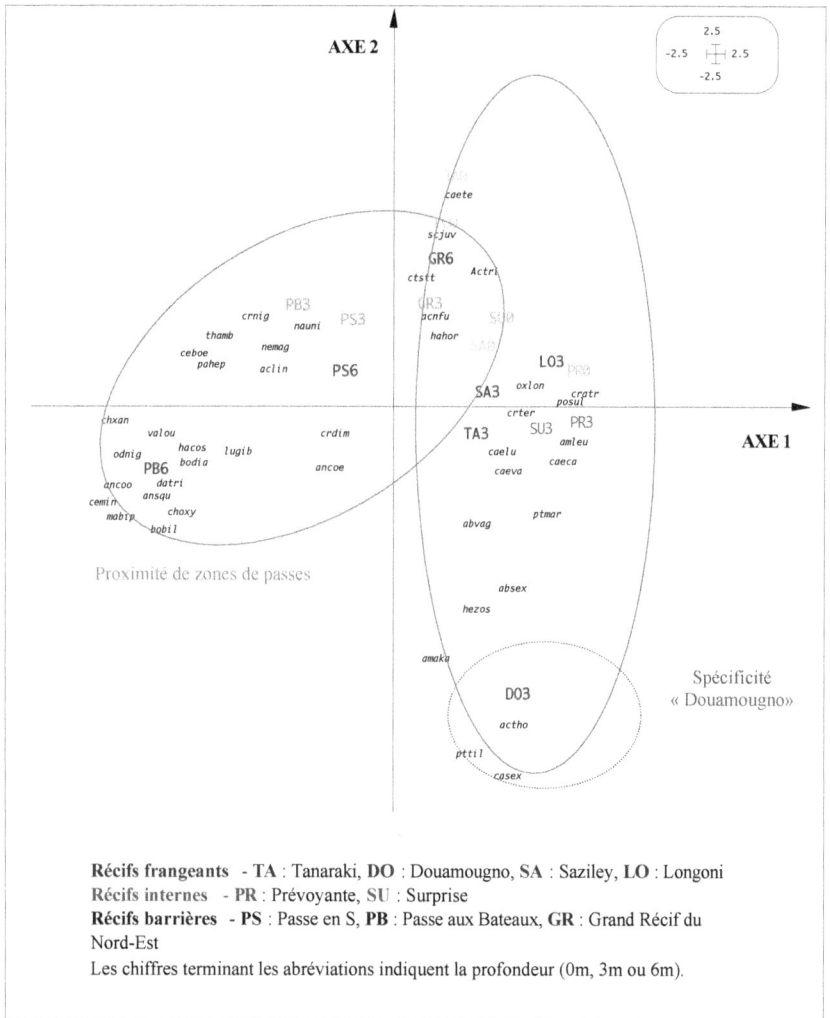

Figure 27 - Analyse Factorielle réalisée sur les données quantitatives. Pour les espèces, les deux premières lettres sont représentatives du genre, et les trois dernières lettres de l'espèce. Le détail des abréviations est donné en annexe 3.

La mise en place des peuplements de poissons récifaux en fonction des zones géomorphologiques et de la profondeur a été souvent mentionnée dans la littérature (ex. Harmelin-Vivien, 1976 ; Galzin, 1987 ; Harmelin-Vivien, 1989 ; Williams, 1991 ; Letourneur, 1992, 1996). Cette constatation est à la base de l'échantillonnage relatif aux études sur les peuplements des poissons, effectué le plus souvent sur des transects parallèles au rivage, évitant ainsi de recouper différents biotopes ayant des populations de poissons distinctes (Harmelin-Vivien *et al.*, 1985). L'étagement des populations ichtyologiques en fonction de la profondeur peut varier selon les endroits, notamment en fonction des conditions locales d'hydrodynamisme et d'exposition au vent. À titre d'exemple, dans l'Océan Pacifique, un peuplement unique est décrit entre 3 m et 30 m en Polynésie (Galzin, 1985), et entre 5 et 15 m sur l'atoll de Tikehau (Morize *et al.*, 1990). Dans l'Océan Indien, un peuplement de faible profondeur a été distingué d'un peuplement profond au-delà de 20 m sur les récifs de La Réunion (Harmelin-Vivien, 1976) et de Madagascar (Harmelin-Vivien , 1979). À Mayotte, la différenciation des peuplements en fonction de la profondeur n'apparaît que sur les récifs frangeants, entre la zone sommitale du platier et de pente interne. Un échantillonnage sur des stations plus profondes (>15-20 m) aurait entraîné sans aucun doute une différenciation entre des peuplements ichtyologiques peu profonds et profonds. L'hydrodynamisme est également un facteur important dans la structure des peuplements de poissons, certaines populations comme les planctonophages affectionnant particulièrement les zones exposées au vent et/ou au courant. Une densité élevée de ce groupe trophique a été observée à Mayotte, tout particulièrement au niveau des passes ; les planctonophages iraient ainsi au-devant de la nourriture que leur apporteraient les eaux de surface *via* les courants (Hobson & Chess, 1986, Hamner *et al.*, 1988, Morize *et al.*, 1990). La mise en place des peuplements de poissons récifaux serait donc liée au récif lui-même, mais aussi à la circulation des eaux de surfaces. Ces différents facteurs détermineraient la distribution différentielle des poissons, ainsi que celle des peuplements benthiques.

La forte hétérogénéité dans la répartition spatiale des poissons récifaux reflèterait essentiellement les variations observées chez les peuplements benthiques, et tout particulièrement les coraux constructeurs de récif qui ont façonné au fil du temps la géomorphologie récifale. Comme pour les peuplements de poissons, ils se répartissent également dans l'espace selon les mêmes gradients : côte - large, profondeur (ou lumière) et hydrodynamisme (Veron, 1986). Cette constatation montre les relations étroites existant entre les peuplements coralliens et les peuplements ichtyologiques qui leur sont associés, la structure physique et la « vitalité » des peuplements coralliens étant essentielles pour préserver des peuplements de poissons riches et diversifiés. À La Réunion, les relations entre les peuplements benthiques et ichtyologiques évoluent selon le type de milieu, notamment en fonction de la zone géomorphologique, de la hauteur de la colonne d'eau et de l'état de perturbation du milieu récifal [A1, A4].

Trois types d'interactions principales peuvent être décrites entre les peuplements ichtyologiques et benthiques :

1) Les poissons utilisent la structure récifale en tant qu'abri. Il s'agit ici d'une relation directe entre l'architecture créée par les coraux constructeurs de récifs et les poissons qui y sont associés. Ces interactions sont plus évidentes pour les juvéniles et pour les petites espèces comme les Pomacentridae (poissons-demoiselles), rencontrés fréquemment sur les platiers à l'intérieur des coraux branchus.

2) Les poissons utilisent directement les peuplements sessiles (coraux, éponges, algues essentiellement) pour se nourrir. Parmi les brouteurs d'invertébrés sessiles, on trouve les Chaetodontidae corallivores (poissons-papillons), certains Pomacanthidae (poissons-anges), Monacanthidae (poissons-limes) et Ostraciidae (poissons-coffres). Les herbivores sont représentés essentiellement par les Scaridae (poissons-perroquets) et Acanthuridae (poissons-chirurgiens), mais également par les Siganidae (poissons-lapins) et les Blennidae (blennies). Les relations trophiques qui lient les populations ichtyologiques aux peuplements benthiques, ont des répercussions sur les peuplements benthiques eux-mêmes, notamment au niveau des interactions entre les algues et les coraux. La production de fèces par les herbivores à l'intérieur des peuplements d'algues dont ils se nourrissent, a également des répercussions au niveau du fonctionnement des communautés benthiques et de l'écosystème (recyclage de la matière organique). Ces points soulignent la complexité des interactions entre les peuplements ichtyologiques et benthiques ; ils montrent également que tout déséquilibre à l'intérieur du réseau trophique entraînera des réactions en chaîne qui auront des répercussions sur l'ensemble de l'écosystème.

3) Les poissons ne sont plus liés directement aux peuplements benthiques (abri ou nourriture), mais exploitent les proies associées à l'habitat corallien. Parmi ces poissons, on trouve les carnivores diurnes comme les Labridae (labres) et certains Mullidae (poissons-chèvres, capucins), les carnivores nocturnes (Serranidae, Lutjanidae, Lethrinidae entre autres), mais aussi les planctonophages (Serranidae genre *Anthias*, Caesionidae, Holocentridae, Apogonidae …).

Les populations de poissons récifaux, qui formeront ensuite un peuplement associé à un biotope donné, sont donc reliées aux peuplements benthiques pour des besoins trophiques ou de protection à travers l'abri que leur procure l'habitat corallien. Une déstructuration du milieu, due par exemple à une forte diminution de coraux branchus (cyclones, blanchissement, eutrophisation…), peut entraîner une diminution des espèces de poissons associées, en raison de la mauvaise qualité de leur habitat [A1, A4]. L'habitat est considéré ici dans son ensemble, en incluant la composante abiotique et biotique de la structure récifale. Des modifications de cet habitat, suite à des perturbations naturelles et/ou anthropiques, génèreront des changements à l'intérieur des peuplements de poissons, certaines populations étant plus sensibles que d'autres selon le type de perturbation agissant sur elles par voie directe (ex. pêche) ou indirecte (ex. cyclone, blanchissement, eutrophisation).

L'habitat corallien intègre à la fois une composante biotique, les organismes à la base de la trame récifale, et une composante abiotique, représentée par l'ensemble des facteurs physico-chimiques qui conditionnent la présence de ces organismes. À petite échelle, cet habitat joue un rôle essentiel pour les poissons récifaux qui l'utilisent, soit directement en tant qu'abri ou source de nourriture, soit indirectement en exploitant les proies qui y sont associées. À méso échelle, les peuplements ichtyologiques se distribuent sur le récif selon la géomorphologie récifale qui intègre des facteurs abiotiques comme la distance à la côte, l'hydrodynamisme, la profondeur et la complexité architecturale, impliqués également dans la mise en place de ces peuplements. Des facteurs biotiques comme la couverture corallienne vivante, la disponibilité en nourriture, la compétition et la prédation jouent également un rôle important dans la dynamique d'installation des populations et l'organisation spatiale du peuplement. Des modifications de l'habitat corallien, suite à des perturbations naturelles et/ou anthropiques, devraient engendrer des changements sur les populations et peuplements de poissons associés au récif corallien, évolutions plus ou moins importants selon le type et l'intensité de la perturbation.

III.2. Effets des perturbations naturelles

Les études sur l'impact des perturbations naturelles auxquelles j'ai été associée concernent les cyclones et le blanchissement corallien à grande échelle.

III.2.1. Cyclones

Les cyclones tropicaux sont l'une des catastrophes naturelles ayant un impact majeur sur les récifs coralliens. Ils jouent un rôle important dans la structure et le fonctionnement des communautés récifales, et plus particulièrement celles qui sont proches de la surface (Endean, 1976 ; Harmelin-Vivien, 1994). Ils peuvent avoir des effets positifs sur les biocénoses en diversifiant les communautés et en stimulant leur croissance (Connel et *al.*, 1997). Leurs impacts dépendent essentiellement de leur intensité, de la topographie du récif et de la composition des communautés récifales avant l'événement (Harmelin-vivien, 1994). Les dommages dépendent également de l'âge des îles qui conditionnent le type de récifs et des bassins versants adjacents à ces récifs, le ruissellement ayant surtout un impact sur les barrières récifales d'îles hautes avec des récifs frangeants peu développés.

L'impact direct des cyclones est tout d'abord mécanique *via* les fortes houles qui cassent les colonies coralliennes et perturbent toute la vie associée à ces colonies. Ils peuvent également bouleverser les processus de sédimentation, une grande quantité de sédiments étant brutalement transportée, redistribuée, accumulée, tout particulièrement à faible profondeur. Déplacés d'un endroit à l'autre, ces sédiments peuvent provoquer la mort d'organismes benthiques par étouffement (Harmelin-Vivien, 1994). Un autre impact indirect, tout aussi dévastateur, peut provenir des pluies associées au cyclone qui entraînent un lessivage important des bassins versants générant une forte sédimentation et une augmentation persistante de la turbidité dans les milieux récifaux, comme ce fut le cas en 1989 à La Réunion (cyclone Firinga). Néanmoins, les cyclones peuvent aussi avoir des conséquences bénéfiques sur les peuplements ichtyologiques en favorisant des arrivées massives de larves. Lorsque les courants cycloniques sont favorables, ils peuvent « rabattre » en masse des larves pélagiques vers des récifs coralliens, comme ce fut le cas en 1994 (cyclone Odille) et 2002 (cyclone Harry) sur les côtes réunionnaises.

Le passage de ces cyclones à La Réunion m'a donné l'occasion d'aborder des questions axées sur le rôle de l'habitat dans l'évolution des peuplements ichtyologiques touchés par un cyclone et dans les processus d'installation de post-larves et juvéniles nouvellement arrivés sur le récif suite au passage d'un cyclone. Deux types de questions ont été soulevées :

1. Quel est l'impact d'un cyclone majeur sur les peuplements de poissons ?

Cette question a été abordée à travers une analyse effectuée à partir d'un suivi à long terme (>10 ans) sur les communautés récifales du platier de St Leu, fortement touché par le passage du cyclone Firinga en 1989 (III.2.1.1).

2. Quel est le taux de survie des post-larves durant une phase d'installation massive sur le récif et quels sont les facteurs qui conditionnent cette survie ?

Ces questions ont été abordées suite à une arrivée massive de post-larves, favorisée par le passage d'un cyclone, Odille en 1994 et Harry en 2002. Les processus d'installation et de post-installation ont été suivis à court terme (45 jours), juste après l'installation des post-larves sur le récif (III.2.1.2).

III.2.1.1. Firinga (1989) - Suivi de l'évolution des communautés sur le platier de St Leu [B1, C3, R12].

À La Réunion, les cyclones sont fréquents, mais leurs effets dévastateurs se font davantage sentir sur la côte Est, plus exposée aux vents et aux pluies cycloniques, que sur la côte Ouest où se trouvent les récifs coralliens. Néanmoins, en janvier 1989, le cyclone Firinga, par ses pluies torrentielles déversées sur la côte Ouest, a généré des eaux de ruissellement très importantes qui ont alimenté les ravines se déversant dans le milieu récifal. Ce ruissellement est accentué, ces deux dernières décennies, par l'urbanisation et la déforestation des bassins versants. Certains platiers récifaux de la Réunion ont été alors ensevelis sous cette masse énorme de matériaux terrigènes, provoquant à certains endroits plus de 99% de mortalité corallienne (Naim *et al.*, 1997). Tel fut le cas du platier récifal de St Leu Ville, détruit presque en totalité au niveau des zones situées en face de ravines et de buses d'écoulement des eaux pluviales (Figure 28). La régénération de ce platier a été suivie (Naim *et al.*, 1997) et des expériences de restauration tentées dans le cadre du programme « Recréer la Nature » auquel j'ai été associée (cf. IV.1). Ce programme m'a donné l'occasion de suivre l'évolution naturelle des peuplements ichtyologiques de St Leu entre 1997 et 2000 sur la zone médiane (platier interne) du récif où ont été conduites les expériences de restauration [C3, R12].

St Leu est un récif frangeant, d'une largeur maximale de 300 m, soumis à une forte agitation hydrodynamique. Le suivi que j'ai effectué par observations visuelles en plongée, sur des transects de 200 m^2, concerne deux sites situés sur le platier récifal, de même géomorphologie et distants de 100 m. Le premier site est sous influence « terrigène » (SLT, radiale La Varangue), l'autre sous influence « océanique » (SLO) (Figure 28). Avant le passage de Firinga, un ensemble de colonies plurimétriques d'*Acropora muricata* recouvrait la zone de SLT, tandis qu'un peuplement de Scléractiniaires extrêmement diversifié caractérisait la face océanique du platier (SLO) (Naim *et al.*, 1997).

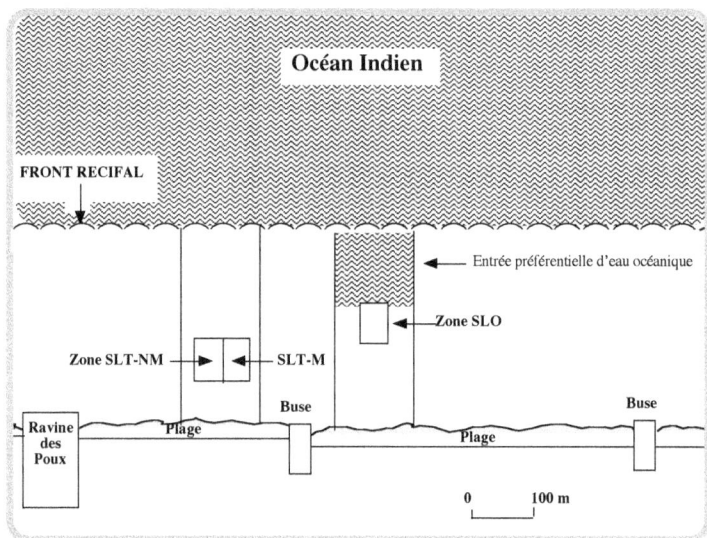

Figure 28 – Localisation des différentes zones étudiées à St Leu. SLO : zone sous influence océanique, SLT : zone sous influence terrigène. Les zones NM : non modifiée et M : modifiée ont été suivies dans le cadre du programme « Recréer la Nature » (voir IV.1).

Après les pluies torrentielles du cyclone, les deux sites suivis (SLT et SLO) ont été totalement enseveli sous du matériel terrigène, entraînant près de 99% de mortalité corallienne sur l'ensemble des sites étudiés (Tableau V). Au bout de six mois, l'épaisse couche de sédiments recouvrant la surface du platier avait été nettoyée sous l'action des vagues et des courants. Néanmoins, un fin dépôt résiduel restait à l'intérieur des algues gazonnantes qui avaient envahi le platier récifal suite à la mort des coraux.

Au cours des dix années qui ont suivi le cyclone, le taux de recouvrement en corail vivant a augmenté régulièrement sur les deux sites étudiés, passant de moins de 1% en 1989 à 30% sur SLT et 42% sur SLO en 2000 (Tableau V). Cette récupération rapide de l'écosystème récifal de Saint-Leu semble provenir essentiellement de l'excellente qualité des eaux récifales (Naim *et al.*, 1997) et de l'absence d'évènement cyclonique majeur ces dix dernières années. Il existe néanmoins, un léger décalage dans la vitesse de "récupération" des deux sites : SLO montrant une recolonisation corallienne plus rapide par rapport à SLT, résultat qui provient sans doute de l'influence terrigène qui s'exerce chroniquement sur le site SLT *via* les ravines et les buses d'écoulement des eaux pluviales.

Tableau V – Pourcentages (%) de corail vivant sur St Leu Terrigène (SLT) et Océanique (SLO) entre 1989 et 2000. Les pourcentages en italique sont estimés.

	SLT	SLO
1989	*< 1%*	*< 1%*
1993	6%	*12%*
1997	12%	24%
2000	30%	42%

Pour les peuplements de poissons, des données prises par Y. Letourneur en 1989, 1990 et 1993 sur SLT permettent de suivre les tendances générales de l'évolution du peuplement ichtyologique (Letourneur, 1992 ; Letourneur *et al.*, 1993).

➢ *L'analyse de paramètres synthétiques des peuplements de poissons* (richesse spécifique totale, richesse spécifique moyenne et nombre d'individus par relevé) montre les tendances suivantes :

- Entre 1989 (juste après le passage du cyclone) et 1990, une baisse de richesse spécifique (totale et par transect) est observée entre l'été et l'hiver 1989 sur SLT, puis une augmentation progressive de ces paramètres jusqu'en hiver 90. L'abondance moyenne par relevé est restée relativement stable durant cette période [B1]. Entre 1990 et 1993, tous les paramètres sont relativement stables.

- À partir de 1993, une légère reprise est observée pour les deux premiers paramètres alors que le nombre d'individus tend à diminuer sur SLT (Tableau XX). Entre 1997 et 2000, une analyse comparative entre SLT et SLO indique d'une part, que SLO est moins diversifié que SLT et d'autre part, une forte augmentation du nombre d'individus sur SLO en 2000 [C 3, R12].

Tableau VI – Evolution de la richesse spécifique totale (RS), nombre (Nb) moyen d'espèces et d'individus par transect (200 m²) sur St Leu sous influence terrigène (SLT) et océanique (SLO) entre 1993 et 2000. Les données de 1993 viennent de comptages effectués par Y. Letourneur. - : absence de données.

		1993	1997	2000
RS	SLT	42	40	44
	SLO	-	39	37
Nb espèces	SLT	27,3±3,2	31,1±3,6	33,7±3,1
	SLO	-	28,9±4,1	30,3±4,5
Nb individus	SLT	355,7±70,0	295,5±52,0	263,3±61,0
	SLO	-	338,0±42,0	756,1±140,0

> *Une analyse des familles ichtyologiques* les plus diversifiées (par ordre décroissant : Labridae, Pomacentridae, Acanthuridae, Chaetodontidae, Mullidae et Scaridae), montre des tendances très variables au cours du temps selon la famille ou le site considéré.

En 1989, après le passage du cyclone, une augmentation d'herbivores a été constatée sur SLT. Ces derniers étaient composés essentiellement d'Acanthuridae (*A. nigrofuscus, A. triostegus, Ctenochaetus striatus)* et du Pomacentridae *Stegastes nigricans* qui représentait à lui seul plus de la moitié des individus comptabilisés sur les transects (moyenne = 52%) [B1].

Entre 1993 et 2000 sur SLT, on observe une certaine stabilité chez les Mullidae et Labridae (carnivores diurnes) et une tendance à la diminution chez les Scaridae et Acanthuridae (herbivores). En revanche, des tendances plus nettes s'observent chez les Chaetodontidae (brouteurs d'invertébrés sessiles) et les Pomacentridae (omnivores, herbivores pour *Stegastes*), avec une densité qui augmente dans la première famille alors qu'elle diminue pour la seconde (Figure 29).

Sur SLO, la forte augmentation de densité observée entre 1997 et 2000 à l'intérieur du peuplement ichtyologique, provient essentiellement des Pomacentridae (représentés essentiellement par *Stegastes nigricans*), et dans une moindre mesure des Acanthuridae. Cette augmentation nette des herbivores sur SLO est inverse de la tendance observée sur SLT ; il en est de même chez les Mullidae (carnivores diurnes) qui diminuent entre 1997 et 2000 sur SLO pour être à un niveau comparable de celui de SLT. En revanche, on retrouve la même tendance chez les Chaetodontidae qui augmentent sur SLO et sur SLT (Figure 30).

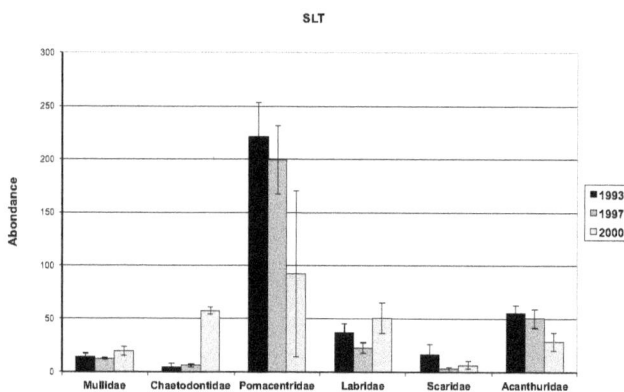

Figure 29 – Nombre moyen d'individus (±écart-type) par transect (200 m^2) dans les principales familles de poissons rencontrées dans le site de St Leu sous influence Terrigène (SLT) [R12]

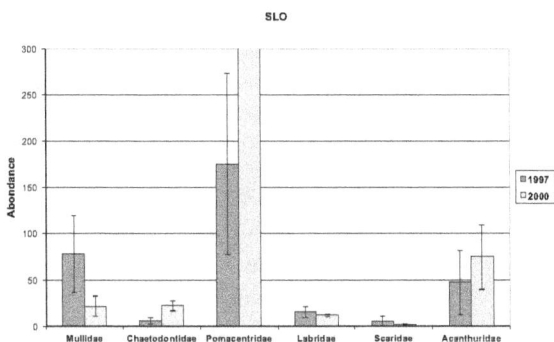

Figure 30 – Nombre moyen d'individus (±écart-type) par transect (200 m²) dans les principales familles de poissons rencontrées dans le site de St Leu sous influence Océanique (SLO) [R12].

L'impact du cyclone sur le peuplement ichtyologique du platier interne de St Leu est difficile à appréhender car il n'y a pas de données antérieures au cyclone sur cette zone. Néanmoins, la faible mortalité de poissons observée *in situ* quatre jours après le passage du cyclone (Letourneur, comm. pers.), ainsi que la relative stabilité des paramètres synthétiques sur les dix années qui ont suivi son passage (Tableau VI), semblent indiquer que le cyclone n'a pas eu un impact évident sur les peuplements de poissons de la zone étudiée. Ce résultat pourrait provenir du fait que la mortalité en masse des colonies coralliennes après le cyclone n'a pas affecté la complexité architecturale du milieu, les colonies ayant été étouffées par les sédiments plus que cassées par la houle. Cependant, la baisse de diversité ponctuelle (richesse spécifique totale et richesse spécifique par relevé) entre l'été et l'hiver 1989 [B1] pourrait indiquer une redistribution temporaire des espèces, dans des habitats plus protégés pendant le cyclone et/ou moins soumis aux apports terrigènes, donc plus éloignés du rivage (platier ou pente externe). Le retour des espèces sur SLT en hiver 1989 correspond au temps nécessaire pour que l'épaisse couche de sédiments ait été « nettoyée » sous l'action des vagues et des courants. Il est néanmoins surprenant que l'abondance par relevé soit aussi peu variable dans le temps. En effet, ce critère est souvent le plus variable d'une année sur l'autre à l'intérieur du peuplement de poissons, augmentant ou diminuant selon la variabilité du flux larvaire et le succès du recrutement. Plusieurs possibilités peuvent expliquer cette stabilité : 1) un faible flux larvaire colonisant les récifs entre 1993 et 2000, ce qui semble étonnant 7 années de suite ; 2) même s'il y a eu recrutement des post-larves, celles-ci ont un taux de survie extrêmement faible du fait de la dégradation de l'habitat [A2] et/ou de la présence de prédateurs en plus grand nombre dans le milieu, accentuant la vulnérabilité des juvéniles durant leur phase d'installation. Le cyclone affecterait ainsi en premier lieu la survie des juvéniles.

Cependant, la stabilité post-cyclonique du peuplement ichtyologique observée à travers les descripteurs synthétiques (richesse spécifique, densité) n'est qu'apparente. Des variations temporelles importantes apparaissent dans la structure trophique du peuplement, et plus particulièrement chez les familles et/ou espèces herbivores (Acanthuridae, Scaridae, *Stegastes* spp.) et les espèces corallivores représentées par les Chaetodontidae.

L'impact du cyclone sur les peuplements ichtyologiques se fait essentiellement ressentir sur les populations d'herbivores (Acanthuridae, Scaridae, *Stegastes spp.*) qui ont augmenté de manière très significative sur les platiers récifaux réunionnais après le passage du cyclone. Deux mois après l'impact du cyclone, Letourneur comptabilisait 71% d'herbivores sur SLT, puis 89% dix-huit mois plus tard (Letourneur *et al.*, 1993). Ces pourcentages très élevés dénotent une déstructuration totale à l'intérieur du peuplement. Pour avoir un ordre d'idée, les pourcentages moyens d'herbivores exprimés en nombre d'individus se situent, sur les platiers récifaux, autour de 50% à La Réunion (Letourneur, 1992 ; Chabanet, 1994), < 30% à Moorea (Galzin, 1987) et < 10% à Madagascar (Harmelin-Vivien, 1979), le récif de Tuléar (Madagascar) représentant la zone récifale la moins touchée par les pressions anthropiques. Cette déstructuration s'explique par des conditions du milieu favorisant les populations de poissons herbivores. En effet, la nécrose des colonies coralliennes entraîne leur colonisation par des algues qui prolifèrent sur les platiers, augmentant ainsi la disponibilité de la ressource alimentaire pour les brouteurs d'algues. Ce sont essentiellement les algues gazonnantes qui colonisent l'espace disponible ; ces algues sont à la base de la nourriture des principales espèces rencontrées sur les platiers : Acanthurus triostegus et Ctenochaetus striatus (Acanthuridae), Scarus sordidus (Scaridae) et surtout *Stegastes nigricans* (Pomacentridae), espèce territoriale préférentiellement associée aux coraux branchus morts colonisés par les algues. L'espèce dominante sur les platiers réunionais est S. nigricans ; elle représentait 52% du total d'individus recensés sur SLT en 1989, 91% en 1993 (Letourneur *et al.,* 1993), puis 42% en 2000. A partir de 1993, 4 ans après le passage de Firinga, une diminution des herbivores, *Stegastes nigricans* inclus, est observée sur SLT. Entre 1997 et 2000, le recouvrement en algues est passé de 50 à 6% sur SLT et de 8 à 15% sur SLO [C3], tandis que le recouvrement corallien a augmenté de 12 à 30% sur SLT et de 24 à 42% sur SLO (Tableau V). Durant cette même période, les populations d'herbivores augmentent sur SLO alors qu'elles continuent à diminuer sur SLT. Ce phénomène peut être expliqué par la présence d'algues gazonnantes qui se sont développées sur le bout des colonies coralliennes sub-affleurantes nécrosées, conséquence de fortes marées basses qui ont touché principalement le platier de SLO moins profond. Ces nouveaux territoires d'algues gazonnantes attirent les populations d'herbivores, et tout particulièrement *Stegastes nigricans*. Cette migration aurait alors entraîné une redistribution des espèces herbivores entre SLT et SLO.

L'autre famille principale touchée par l'impact du cyclone est celle des Chaetodontidae, famille dont de nombreuses espèces se nourrissent de corail vivant (Harmelin-Vivien, 1979 ; Harmelin-Vivien & Bouchon-Navaro 1981, 1983). La faible représentation numérique des chaetodons sur SLT et SLO viendrait essentiellement d'un manque de ressource alimentaire suite à la mortalité massive des colonies coralliennes. Durant les 18 premiers mois qui ont suivi le cyclone, les principales espèces recensées sont *Chaetodon auriga* et *C. vagabundus* (Letourneur *et al.,* 1993), espèces ayant un régime alimentaire plus flexible, composé de polypes coralliens, mais également d'algues benthiques (Harmelin-Vivien & Bouchon-Navaro, 1983). Ces espèces peuvent donc s'adapter, jusqu'à une certaine limite, aux variations des peuplements benthiques. En revanche, d'autres espèces ont un régime alimentaire strictement corallivore, comme *C. trifascialis* et *C. trifasciatus*. La première, *C. trifascialis*, est absente des comptages sur SLT alors que la seconde, *C. trifasciatus*, espèce la plus fréquemment rencontrée sur les platiers récifaux réunionnais (Letourneur, 1992 ; Chabanet, 1994), y est très faiblement représentée (Letourneur *et al.*, 1993). Ce n'est qu'après 1997 que ces espèces sont rencontrées de manière plus fréquente sur le platier de St Leu. De nombreux auteurs (Bell & Galzin, 1984 ; Sano *et al.*, 1984 ; Bouchon-Navaro *et al.*, 1985 ; Williams, 1986 ; White, 1988 ; Bouchon-Navaro & Bouchon, 1989 ; [A4]) ont trouvé des corrélations positives entre l'abondance des Chaetodontidae et le taux en corail vivant. De ce fait, et en partant du principe qu'un récif "sain" a un taux de recouvrement en corail vivant élevé, cette famille est souvent utilisée comme bioindicatrice de récifs en « bonne santé » (Resse, 1981). Néanmoins, il serait préférable de différencier dans cette famille les espèces corallivores strictes de celles qui le sont de manière facultative et d'utiliser uniquement les espèces corallivores strictes en tant qu'indicateur de récif « sain ». Chez les Chaetodontidae, la présence de corail vivant en tant que ressource alimentaire serait essentielle au moment de la colonisation des récifs par les post-larves et juvéniles et conditionnerait le succès du recrutement, au même titre que la qualité de l'habitat. Cette hypothèse a été vérifiée dans une étude antérieure effectuée sur complexe récifal de St Gilles/La Saline, qui a montré que la densité en juvéniles de *C. trifasciatus* était supérieure dans les zones plus riches en corail vivant et de complexité architecturale plus élevée [A2].

La régénération ou reconstitution des communautés benthiques (dans le sens d'un retour à la structure originelle des communautés avant l'impact) du platier de St Leu, fortement touché par le passage du cyclone Firinga en 1989, s'est faite sur une dizaine d'années. À partir de 1993, la couverture des peuplements algaux et la densité des poissons herbivores ont commencé à diminuer, phase qui correspondrait à un premier état d'équilibre de l'écosystème (Naim *et al.*, 1997). Entre 1997 et 2000, la colonisation rapide des colonies d'*Acropora muricata* associée à la diminution des peuplements algaux, suggère que les communautés benthiques se rapprochent de leur état pré-cyclonique. En 2000, les peuplements coralliens occupent naturellement l'espace envahi par les algues juste après le cyclone. Le taux de recouvrement en corail vivant sur le platier de St Leu (SLT et SLO), équivalent à celui d'un site « témoin » situé sur le platier de La Saline (SAL, voir restauration, cf. IV.1.), suggère que la régénération est effective. Néanmoins, certains organismes comme les oursins Diadematidae, extrêmement abondants sur le platier récifal de St Leu avant l'impact du cyclone, ne sont toujours pas réimplantés. Ces organismes herbivores bioérodeurs, jouent un rôle important dans l'équilibre de l'écosystème récifal en contrôlant la bioconstruction et la biomasse algale. Leur absence dans l'écosystème indiquerait que les peuplements coralliens n'ont pas encore atteint leur stade d'équilibre et qu'ils sont toujours en phase de régénération [C3].

Les communautés récifales de St Leu ont été suivies sur plus de dix ans après le passage du cyclone intense Firinga (1989-2000). L'analyse des descripteurs synthétiques (richesse spécifique, densité) du peuplement ichtyologique ne montre pas un impact évident du cyclone sur le peuplement de la zone étudiée. Ce résultat surprenant pourrait provenir du fait que le cyclone n'a pas eu un impact mécanique important sur les colonies coralliennes, conservant ainsi la complexité architecturale du milieu, malgré la mortalité en masse des coraux par étouffement. En revanche, une déstructuration à l'intérieur du peuplement s'observe avec une augmentation très importante des herbivores (Acanthuridae et Stegastes nigricans essentiellement) jusqu'en 1993 (soit 4 ans après le cyclone), puis une diminution progressive de ces populations jusqu'en 2000. Une redistribution des herbivores, et tout particulièrement de Stegastes nigricans a été observée de SLT vers SLO en 2000, suite à une mortalité des coraux branchus causée par de fortes marées basses. L'autre famille principalement touchée par le passage de Firinga est celle des Chaetodontidae, composée d'espèces corallivores. Ce n'est qu'à partir de 1997, soit 8 ans après le passage du cyclone, qu'on retrouve des densités « normales » de chaetodons sur le récif de St Leu. Ces résultats reflètent l'évolution des communautés benthiques (essentiellement coraux et algues) auxquelles sont directement associées ces populations de poissons récifaux. Les changements observés dans la structure trophique du peuplement ichtyologique proviendraient davantage d'une modification des disponibilités alimentaires (algues, corail vivant) plutôt que d'un changement important dans la structure physique et la complexité de l'habitat. La disponibilité des ressources conditionnerait non seulement la survie des adultes, mais aussi celles des juvéniles entre le moment de leur installation et leur recrutement dans les populations d'adultes.

III.2.1.2. Odille (1994) et Harry (2002) - Recrutement massif de mérous [A5, A11, A16].

Les cyclones peuvent avoir des effets bénéfiques sur les peuplements de poissons récifaux. La houle et les forts courants côtiers générés par ces cyclones peuvent favoriser le retour des larves vers le récif, phase qui marque la fin de leur vie pélagique. Pour continuer leur développement, elles doivent ensuite coloniser le récif, se métamorphoser en post-larves, puis en juvéniles benthiques adaptés au milieu récifal (Figure 23). La phase d'installation correspond à une étape où les larves sont particulièrement vulnérables, car elles sont exposées à de nombreux prédateurs et compétiteurs, dans un environnement complexe où elles doivent, pour optimiser leur survie, sélectionner rapidement un habitat parmi de nombreux substrats potentiels (Carr & Hixon, 1995 ; Risk, 1998 ; Adams *et al.*, 2004). Pour les poissons coralliens, et plus particulièrement les mérous, les faibles densités habituelles de larves colonisant les récifs, ainsi que le comportement cryptique des juvéniles, rendent les études relatives à leur installation difficiles, voire impossibles. À La Réunion, deux recrutements massifs d'*Epinephelus* spp. (Serranidae), associés au passage de cyclones (Odille en 1994 et Harry 2002), nous ont donné l'opportunité d'étudier les processus d'installation et de post-installation des juvéniles de mérous, en particulier leur taux de survie durant cette phase particulièrement critique de leur cycle de vie.

En 1994 et 2002, l'essentiel du flux larvaire associé aux cyclones était composé d'*Epinephelus merra* (Figure 31). En 2002, cette espèce était aussi associée à un lot important d'*Epinephelus fasciatus*. D'autres espèces contribuaient également au flux larvaire mais en proportions moindres ; elle appartenaient aux Lethrinidae et Acanthuridae en 1994, aux Chaetodontidae, Acanthuridae, Mullidae et Lutjanidae en 2002.

Figure 31 – Juvéniles *d'Epinephelus merra* en phase d'installation suite recrutement massif de 2002 (photo F. Trentin).

L'installation des jeunes mérous sur les récifs a été suivie pendant 45 jours après leur installation, avec un pas échantillonnage de 4 à 5 jours [A5, A11, A16]. L'échantillonnage a été effectué par observations visuelles sur des transects de 20 m^2 (10 x 2 m), positionnés à l'intérieur des récifs frangeants en 1994, à l'intérieur et extérieur de la barrière récifale en 2002. En 1994, les sites suivis étaient La Varangue (St-Leu), Toboggan (St Gilles) et Planch'Alizés (La Saline). En 2002, les mêmes sites étaient concernés, avec en plus, le Cap La Houssaye et les récifs artificiels de la Baie St-Paul (Figure 32). L'influence de l'habitat sur l'installation des jeunes mérous a été appréhendée en comparant la survie des post-larves et des juvéniles en fonction de leur biotope.

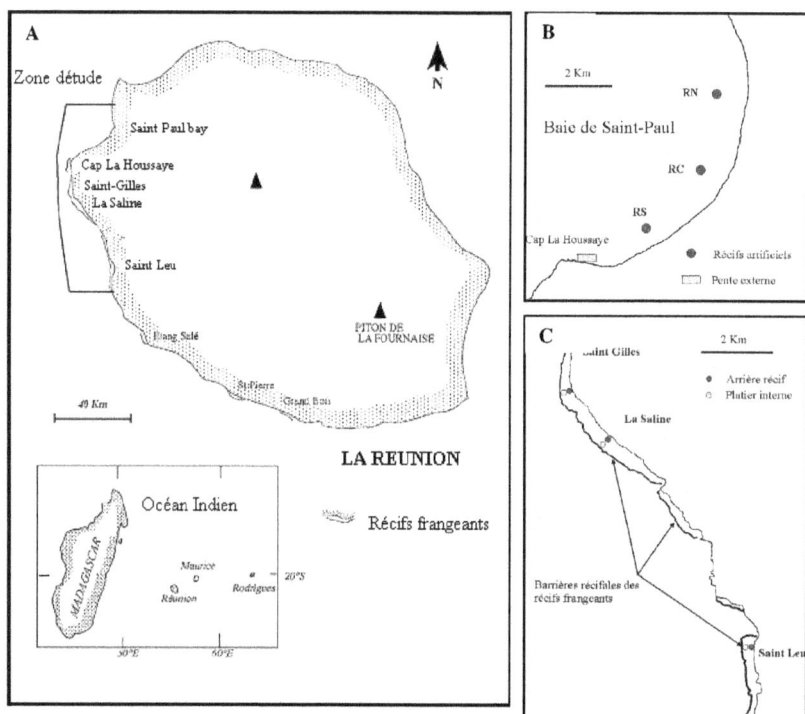

Figure 32 - Localisation des sites d'étude. A : Situation de La Réunion et de l'ensemble de la zone d'étude, B : Situation des sites hors récifs frangeants, C : Localisation des sites à l'intérieur des récifs frangeants.

Les processus d'installation et de post-installation des deux espèces (*E. merra* et *E. fasciatus*) ont été analysés, en comparant les taux de survie en fonction des biotopes et de la densité des post-larves à l'installation. Ce dernier point permet de tester le caractère denso-dépendant ou non de la mortalité post-installation.

➤ *Recrutement en masse*

Les post-larves de mérous ont colonisé en masse les récifs coralliens de la Réunion en 1994 et 2002. Ces deux évènements exceptionnels ont eu lieu dans les mêmes conditions : 1) après le passage d'un cyclone intense aux abords de l'île qui a généré une forte houle cyclonique, 2) à la fin de l'été austral (mi-mars), et 3) avec un recrutement à la première nouvelle lune qui suit le passage du cyclone. Sur d'autres récifs, des recrutements massifs ont été également associés à des conditions hydrographiques particulières, telles que celles générées par des tempêtes tropicales ou des cyclones (Kami & Ikera, 1976 ; Robertson, 1988 ; Shenker *et al.*, 1993 ; Thorrold *et al.*, 1994). Un recrutement larvaire au moment de la nouvelle lune est une stratégie aujourd'hui reconnue, une luminosité minimale permettant d'éviter les prédateurs (ex. Victor, 1986 ; Dufour, 1992 ; Durville, 2002). Les larves choisiraient ainsi le moment de leur colonisation, mais également leur site d'installation, comme nous le verrons par la suite avec *Epinephelus merra* et *E. fasciatus*, associés au même flux larvaire en 2002, mais colonisant des biotopes différents.

➤ *Processus d'installation et de post-installation d'Epinephelus merra (1994, 2002)*

Le flux larvaire en 1994 a été plus important sur les récifs St-Gilles/La Saline (max. 474 ind./20 m² sur le platier) qu'à St Leu (max. 110 ind. / 20 m² sur l'arrière-récif). En revanche, en 2002, une plus grande quantité de post-larves a été estimée à St-Leu (max. 330 ind./20 m² sur l'arrière-récif) par rapport à St Gilles/La Saline (max. 68 ind./20 m² sur le platier). Ces données soulignent la variabilité de la colonisation dans le temps et dans l'espace, variabilité qui pourrait provenir de conditions hydrodynamiques différentes et/ou de la qualité de l'habitat. En 1994, le platier récifal de St-Leu était en cours de régénération avec des peuplements algaux développés, alors que le récif de St-Gilles/La Saline avait été moins impacté par le cyclone Firinga. De plus, les post-larves ont privilégié le platier comme zone d'installation par rapport à l'arrière récif à St Gilles/La Saline alors qu'à St Leu, l'inverse est observé en 1994. Ces résultats pourraient provenir, une fois de plus, de la qualité de l'habitat, le platier étant une zone de complexité architecturale plus grande par rapport à l'arrière-récif, qui est essentiellement une zone sableuse. En 1994, la densité plus élevée de post-larves sur l'arrière-récif de St Leu pourrait provenir du fait que les jeunes mérous ont été repoussés vers l'arrière-récif par les *Stegastes nigricans*, espèce territoriale installée sur les peuplements d'algues encore florissants sur le platier récifal de St Leu, à cette époque.

Entre le moment où les post-larves arrivent sur le récif et 45 jours après leur installation, les taux de mortalité sont compris entre 84% et 99%. Ils sont particulièrement forts durant les deux premières semaines qui suivent l'installation (Figure 33). Ils sont en général plus faibles sur l'arrière-récif (de 85% à 88% en 1994 ; de 84 à 99% en 2002) que sur le platier (de 93 à 95% en 1994 et de 93 à 99% en 2002). Ils sont significativement corrélés à la densité des post-larves à l'installation, mettant en avant le caractère denso-dépendant de la mortalité post-installation des juvéniles. Après 45 jours, la courbe de survie « stagne » et les densités relevées sur les différents transects ne sont plus significativement différentes. Cette densité correspondrait à la capacité d'accueil du milieu, estimée à 1 juvénile / m².

A - *Epinephelus merra* (1994)

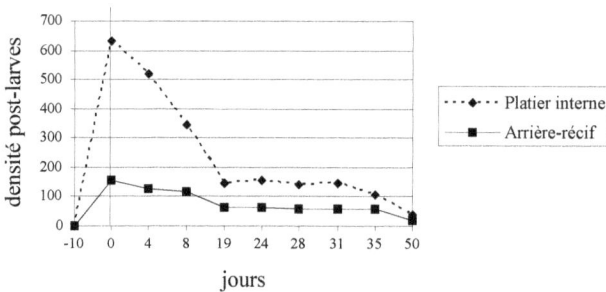

B - *Epinephelus merra* (2002)

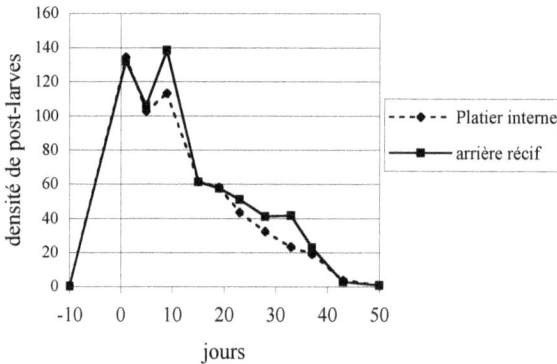

Figure 33 - Evolution des densités de juvéniles *d'Epinephelus merra* durant 45 jours après leur installation, suite recrutement exceptionnel de 1994 (A) et 2002 (B) [A5].

> *Processus d'installation et de post-installation d'Epinephelus fasciatus (2002)*

Suite au recrutement massif de 2002, les post-larves ont davantage colonisé les récifs artificiels (cf. I.2.) installés en zone sableuse (max. 163 ind./20 m²) que la pente externe du récif corallien (max. 47 ind./20 m²) (Figure 34). Cette différence peut provenir de l'isolement des récifs artificiels, qui favoriserait de plus fortes agrégations pendant les périodes d'installation des post-larves (Nanami & Nishira, 2003) et/ou de la présence de lanières de cordage ayant un effet attracteur sur les post-larves (Gorham & Alevizon, 1989). Après les 45 jours qui ont suivi leur installation, des taux de mortalité supérieurs à 98% ont été enregistrés sur tous les biotopes colonisés. La mortalité maximale est observée durant la première semaine qui a suivi l'installation. L'architecture rudimentaire des récifs artificiels, au pouvoir supposé attracteur sur les larves, n'a pas suffi pour assurer leur survie. Aucune relation n'a été mise en évidence entre la densité des post-larves à l'installation et leur survie au bout de 45 jours, ce qui montre le caractère non denso-dépendant de la mortalité post-installation des juvéniles de cette espèce aux densités observées.

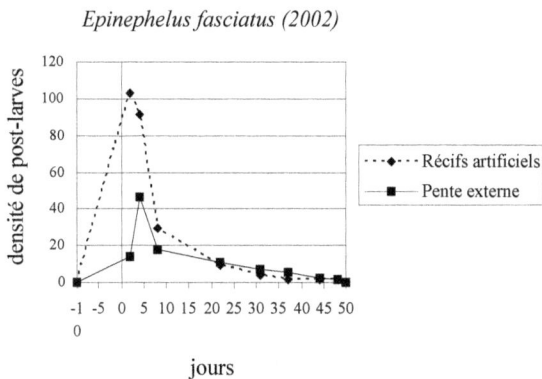

Figure 34 - Evolution des densités de juvéniles d'*Epinephelus fasciatus* durant les 45 premiers jours après leur installation, suite au recrutement exceptionnel de 2002 [A16].

➤ *Survie des post-larves et juvéniles de mérous : intérieur vs extérieur du récif frangeant*

La dynamique de survie des juvéniles de mérous durant le premier mois qui suit leur installation est différente pour les deux espèces. Pour *E. merra*, la corrélation entre les taux de survie et la densité initiale de post-larves suit une courbe logarithmique alors qu'il n'y a pas de tendance significative pour *E. fasciatus* [A5, A16]. Ces résultats iraient dans le sens d'une mortalité post-installation des juvéniles, dépendante de la densité des post-larves à leur arrivée en milieu benthique (denso-dépendance) pour *E. merra,* alors qu'elle ne le serait pas pour *E. fasciatus.* Cependant, les densités initiales sont plus faibles pour *E. fasciatus* et peut-être inférieures au seuil où la denso-dépendance se fait sentir. Des facteurs différents pourraient être impliqués dans les processus d'installation et post-installation des juvéniles, selon l'espèce et/ou le site d'installation. À l'intérieur du récif frangeant, milieu relativement protégé de la houle, le premier facteur régulant la mortalité des juvéniles de *E. merra* semble être la prédation, un facteur denso-dépendant. Cette hypothèse est appuyée par l'existence d'une prédation intraspécifique élevée chez *E. merra* [A5]. Dans des environnements plus ouverts soumis à une forte agitation (houles), comme sur la pente externe ou dans la baie de St Paul, les facteurs régulant les populations juvéniles seraient davantage associés aux conditions environnementales, sans pour autant diminuer la prédation. Des séries de fortes houles ont touché l'île à la fin du mois de mars 2002, ce qui peut expliquer la réduction rapide du nombre d'individus de *E. fasciatus* et le caractère non denso-dépendant de leur mortalité, l'impact des facteurs physiques sur une population étant indépendant de leur taille. Néanmoins, la qualité médiocre de l'habitat peut masquer la denso-dépendance des taux de survie (« denso-dépendance cryptique » selon Wilson & Osenberg, 2002) ; l'architecture actuelle des récifs artificiels étant peu adaptée aux espèces cryptiques comme les mérous. Du fait des variations d'abondance qu'ils induisent, les processus post-installation jouent un rôle capital dans le succès du recrutement (Lewis, 1997 ; Caselle, 1999).

Malgré les fortes mortalités post-installation observées au cours des 45 jours de suivi, les arrivées en masse des post-larves sur les récifs réunionnais ont des conséquences bénéfiques sur les populations *d'Epinephelus merra*. En effet, cette espèce était aperçue de manière occasionnelle dans les comptages avant 1994 (Letourneur, 1992 ; Chabanet, 1994). Les relevés effectués dans le cadre du suivi des récifs coralliens (COI-GCRMN) montrent que les densités actuelles de mérous ont doublé, voir triplé par rapport à celles antérieures à 1998 (données non publiées). Ces résultats doivent être aussi partiellement attribués à la mise en place de zones de réserve de pêche à partir de 1998.

Suite à de fortes houles générées par le passage de cyclones, des post-larves de mérous (Epinephelus spp.*) ont colonisé en masse les récifs coralliens de la Réunion en 1994 et 2002. Durant les premiers jours, des milliers d'individus ont envahi les récifs (jusqu'à 474 individus / 20 m²), E. merra s'installant préférentiellement sur les zones internes (platier) et E. fasciatus sur les zones externes (structures artificielles en zone sableuse). Le choix du site d'installation serait guidé par la disponibilité et la qualité de l'habitat ainsi que les interactions entre résidents. Après 45 jours d'installation, la mortalité moyenne des juvéniles des deux espèces atteint 96 %. Cette forte mortalité montre que le milieu a une capacité d'accueil limitée, particulièrement lors d'une arrivée massive de post-larves où la compétition pour la nourriture et l'espace est exacerbée. L'évolution des densités des post-larves et juvéniles en fonction du temps ne montre pas les mêmes tendances, la dynamique des processus post-installation des juvéniles pouvant impliquer différents facteurs. Les facteurs hydrodynamiques, non denso-dépendants, pourraient être dominants à l'extérieur de la barrière récifale (cas E. fasciatus) alors que la prédation jouerait un rôle majeur dans des milieux plus protégés situés à l'intérieur des récifs (cas E. merra). Ces résultats ont des implications importantes pour la gestion des ressources : la survie des post-larves et juvéniles en milieu sous fortes contraintes hydrodynamiques pouvant être améliorée, en adaptant l'habitat à leurs besoins, afin d'offrir des abris efficaces contre les perturbations hydrodynamiques et la prédation. La qualité de l'habitat durant les phases d'installation et post-installation conditionne la réussite du recrutement des juvéniles dans les populations d'adultes, et de ce fait, peut favoriser la pérennité des ressources ichtyologiques d'un récif.*

III.2.2. Blanchissement corallien

L'augmentation du CO_2 atmosphérique généré par les activités humaines à l'échelle mondiale, a des conséquences sur l'accroissement des températures des eaux océaniques de surface. Une élévation au-dessus de 28-29,5°C pendant une durée suffisante peut provoquer, chez les coraux constructeurs, une rupture de leur association avec leurs hôtes symbiotiques, les zooxanthelles, qui seront alors expulsées du polype, provoquant ainsi le phénomène de blanchissement corallien. Celui-ci entraîne le plus souvent la mort des coraux, bien que quelques cas de recolonisation par les zooxanthelles aient été observés chez les *Porites* (Glynn, 1993). En 1997-98, El Niño Southern Oscillation (ENSO) a induit un blanchissement, puis une mortalité massive des coraux constructeurs de récifs dans beaucoup de régions tropicales du globe (Goreau *et al.,* 2000). Dans le SO de l'Océan Indien, les récifs coralliens situés dans le canal du Mozambique, aux Comores et aux Seychelles, ont particulièrement souffert de l'augmentation de la température des eaux de surface ; une mortalité corallienne de 44 à 99% a été estimée dans la région (Goreau *et al.,* 2000). Les récifs des Mascareignes (Réunion, Maurice) ont été relativement épargnés par ce phénomène de grande ampleur (Quod, 1999). Dans le cadre de mes missions dans la zone SO Océan Indien, j'ai constaté les dégâts importants occasionnés par ce blanchissement massif sur les récifs situés à Mayotte, Geyser et Zélée, Glorieuses et Juan de Nova, ainsi que leur lente régénération. Pour évaluer réellement l'impact de ce blanchissement, des données antérieures à 1998 dans la zone, étaient nécessaires. En 1995, une étude sur les réserves marines à Mayotte (Letourneur, 1996) m'a permis d'estimer cet impact sur cette île.

Ex. Impact d'un blanchissement massif sur les peuplements ichtyologiques de Mayotte [A9].

En 1998, le réchauffement des eaux de surface a entraîné ~ 80% de mortalité corallienne sur les récifs de Mayotte (Quod, 1999 ; Wedling *et al.,* 2000), évènement qui a accéléré la mise en place de l'ORC fin 1998. Cet observatoire inclut neuf sites, échantillonnés lors de ma mission à Mayotte en 2000 (cf. III.1.3) : quatre sur des récifs frangeants (TA, SA, DO, LO), deux sur des récifs internes (SU, PR) et trois sur des récifs barrières (PS, GR, PB) (Figure 25). Parmi ceux-ci, la Passe en S (PS) est un site privilégié pour évaluer l'effet du blanchissement, des données sur les peuplements ichtyologiques y ayant été prises en 1995 (Letourneur, 1996). J'ai évalué l'impact du blanchissement de 1998 sur les peuplements de poissons de deux manières, d'une part en analysant les descripteurs synthétiques (richesse spécifique et abondance par station, et par structure trophique), et d'autre part en comparant mes données de la Passe en S avec celles obtenues par Letourneur avant 1998, en mettant l'accent sur deux familles, les Chaetodontidae et les Acanthuridae.

> *Descripteurs synthétiques (nombre d'espèces et d'individus par station)*

L'analyse des descripteurs synthétiques permet une première estimation de l'état des peuplements ichtyologiques récifaux, en comparant les données avec des valeurs relevées sur d'autres récifs de l'Indo-Pacifique. Six types de régimes alimentaires ont été définis : (1) herbivores, (2) omnivores, (3) brouteurs d'invertébrés sessiles, (4) carnivores, (5) piscivores, (6) planctonophages (Hiatt et Strasburg, 1960; Hobson, 1974; Harmelin-Vivien, 1979). Les régimes alimentaires de (3) à (6) peuvent être regroupés dans le texte sous le terme « carnivores » au sens large.

À Mayotte, le nombre moyen d'espèces de poissons par station est relativement homogène (moyenne = 60 espèces / 250 m^2), sauf pour les stations de platier où le peuplement est moins diversifié (47 espèces / 250 m^2). Le nombre moyen d'individus recensés est variable selon les stations considérées, allant de 236 individus sur les platiers des récifs frangeants à 836 individus / 250 m^2 sur les récifs barrières à 3 m. Diversités et abondances sont toujours plus élevées sur les stations les plus profondes (Tableau VII).

Tableau VII - Nombre total d'espèces, nombre moyen d'espèces et d'individus/250 m^2 (écart-type) sur chacune des formations récifales et à chacune des profondeurs échantillonnées à Mayotte.

Récifs	Nombre total d'espèces		Nombre moyen d'espèces par station		Nombre moyen d'individus par station	
	0 m	-3 m	0 m	-3 m	0 m	-3 m
Frangeants	87	122	47 (11,8)	67,6 (13,4)	236,4 (56,3)	556,4 (171,4)
Internes	147	163	57 (7,1)	64,5 (6.4)	428 (159,3)	690,3 (206,0)
Barrières	104	119	62,7 (1,5)	66 (26,5)	510,4 (68,7)	836,4 (533,6)

Les nombres d'espèces et d'individus recensés par station à Mayotte durant ma mission ont des valeurs : 1) comparables à celles recueillies en Polynésie Française (Galzin, 1985) et à Mayotte en 1995 (Letourneur, 1996), 2) supérieures à celles estimées à La Réunion (Letourneur, 1992 ; Chabanet, 1994), et 3) inférieures à celles relevées à Geyser et Zélée [B2]. Les paramètres synthétiques, comme la richesse spécifique et la densité, apportent des informations générales qui sont d'autant plus pertinentes qu'elles sont analysées en fonction de la structure trophique du peuplement, ceci pour déceler d'éventuelles perturbations à l'intérieur de ce peuplement.

> *Structure trophique du peuplement ichtyologique*

La structure trophique, exprimée en pourcentage du nombre d'espèces, est relativement stable sur les différentes stations échantillonnées (Figure 35). Les carnivores au sens large sont toujours majoritaires (en moyenne 69%), le nombre d'espèces herbivores variant en moyenne de 16% (récifs frangeants) à 22% (récifs internes), et les omnivores de 13% (récifs internes) à 20% (récifs frangeants). En revanche, la structure trophique exprimée en pourcentage du nombre d'individus montre des variations importantes entre stations (Figure 36). Les herbivores sont dominants sur les platiers des récifs frangeants (moyenne 53,5%) et sur une station du récif barrière (GR3) et interne (SU0). Une supériorité numérique des planctonophages est observée sur les récifs barrières (moyenne 66%, max. 77% sur PB3) et sur les stations les plus profondes des récifs frangeants et internes. La plus forte proportion d'omnivores se rencontre sur les platiers des récifs frangeants (max. 55% sur LO0) alors qu'il y en a très peu sur les récifs barrières (max. 4% sur PS3). La proportion des carnivores ne dépasse jamais 14% sauf sur PS6 (29%) et TA0 (21%). Les corallivores (3%) et les piscivores (<3%) sont très peu représentés à l'intérieur du peuplement.

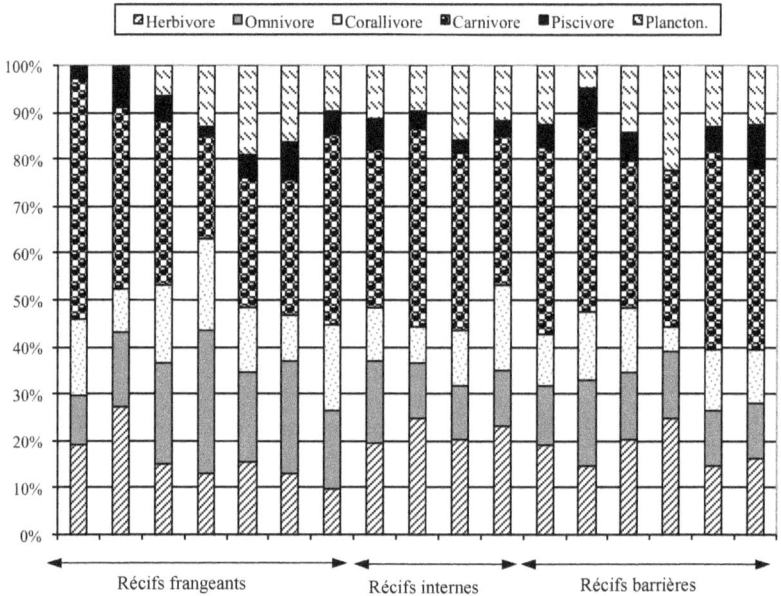

Figure 35 - Nombre moyen d'espèces (%) par catégorie trophique et par station à Mayotte en 2000.

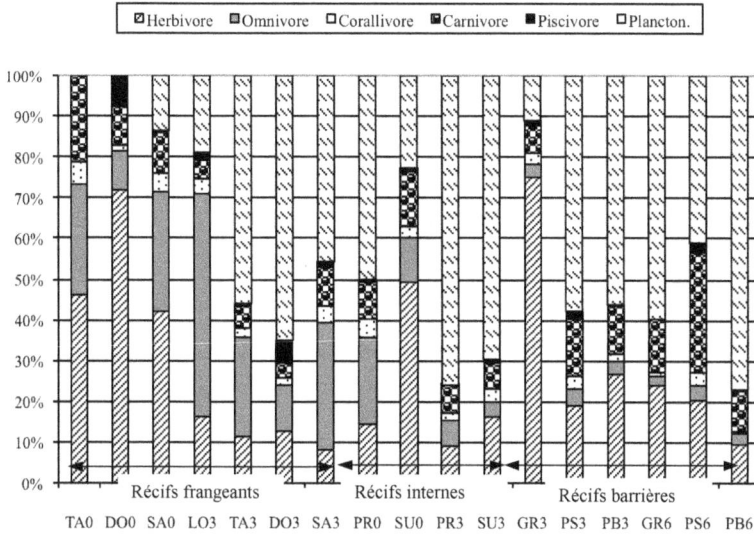

| Herbivore | Omnivore | Corallivore | Carnivore | Piscivore | Plancton. |

Figure 36 - Nombre moyen d'individus (%) par catégorie trophique et par station à Mayotte en 2000.

Une comparaison de la structure trophique entre données issues d'échantillonnage par observations visuelles (ex. Harmelin-Vivien, 1976 ; Galzin, 1985 ; Letourneur, 1992, Chabanet, 1994) montre que, pour une région biogéographique donnée, la structure trophique, exprimée en pourcentage du nombre d'espèces, est relativement homogène chez les poissons récifaux (Kulbicki, 1988). Les carnivores sont toujours dominants (>60%) quelle que soit la zone géographique. L'importance considérable des carnivores, dont le nombre d'espèces varie de 60% à 80% selon l'aire géographique considérée, constitue l'une des caractéristiques du peuplement ichtyologique en milieu récifal (Harmelin-Vivien, 1989). En moyenne, les espèces omnivores et herbivores sont représentées dans une proportion à peu près similaire, de l'ordre 18% et 17% respectivement (Harmelin-Vivien, 1989).

En revanche, la structure trophique du peuplement ichtyologique, exprimée en pourcentage du nombre d'individus, est différente selon les zones géographiques et/ou géomorphologiques (Tableau VIII). Sur le platier, les carnivores sont dominants à Tuléar (60%), les herbivores à Mayotte et à La Réunion (≥45%), et les omnivores à Moorea (51%). Sur la pente externe, les différences sont beaucoup moins marquées, avec une dominance des espèces carnivores (≥ 68%) quelle que soit la zone géographique considérée. Cette dominance est due essentiellement aux planctonophages. Une forte proportion des zooplanctonophages est fréquente sur les pentes (récifs frangeants, internes et barrières), où ces poissons forment un véritable "mur de bouche" pour le zooplancton et les larves (Harmelin-Vivien, 1979; Dufour, 1992). Les espèces herbivores sont dominantes par rapport aux omnivores à Mooréa, La Réunion et Mayotte, alors que les omnivores sont majoritaires à Tuléar et Geyser (Tableau VIII).

Tableau VIII – Importance relative des régimes trophiques (en % du nombre individus) dans les communautés ichtyologiques de Mayotte et de différents récifs coralliens Indo-Pacifiques
1 : Galzin, 1985; 2 : Harmelin-Vivien, 1979; 3 : Chabanet, 1994; 4 : présente étude; 5 : [B2].

Type récifal	Localisation	Carnivores	Omnivores	Herbivores
Platier de récif frangeant	Moorea (1)	21	51	28
	Tuléar (2)	60	31	9
	Réunion (3)	18	36	46
	Mayotte (4)	25	22	53
Pente externe de récifs barrière et frangeant	Moorea (1)	72	7	21
	Tuléar (2)	68	24	8
	Réunion (3)	68	12	20
	Mayotte (4)	70	8	22
	Geyser (5)	78	15	7

La comparaison de structure trophique (exprimée en % du nombre d'individus) entre les peuplements ichtyologiques récifaux de l'Océan Indien montre deux tendances principales :

1) Une similarité de structure des peuplements de Mayotte et de La Réunion, dominés par les herbivores sur le platier ; si les planctonophages ne sont pas pris en compte, cette dominance des herbivores se retrouve également sur la pente externe.

2) Une distinction entre Tuléar (Madagascar) et l'ensemble « Mayotte-Réunion ». Dans les années 70, le récif corallien de Tuléar est représentatif d'un récif sous faible pression anthropique, alors que les récifs de La Réunion et de Mayotte sont actuellement soumis à une forte pression anthropique. En comparant l'ichtyofaune du récif de Tuléar entre 1972 (Harmelin-Vivien, 1976) et 1988 (Vasseur et al., 1988), une nette augmentation de la densité de certains herbivores est observée, notamment celle des Scaridae. Cette augmentation semble liée à la prolifération des algues qui persistent maintenant durant une grande partie de l'année, alors que leur présence était beaucoup plus saisonnière avant 1972 (Vasseur et al., 1988). Si tel est le cas à Mayotte, le développement des algues suite à la forte mortalité corallienne de 1998 (blanchissement, sédimentation,...) pourrait expliquer la dominance des herbivores.

➤ *Acanthuridae et Chaetodontidae (familles « bioindicatrices »)*

Certaines familles utilisent directement les peuplements sessiles (coraux, éponges, algues essentiellement) pour se nourrir. Cette relation trophique directe leur confère une certaine représentativité de l'environnement benthique récifal dont elles dépendent ; elles peuvent être ainsi considérées comme bioindicatrices de « l'état de santé » du milieu. Cette notion d'indicateurs reste encore très controversée dans la littérature scientifique, certains auteurs considérant par exemple que les Chaetondontidae peuvent être utilisés comme bioindicateurs (ex. Resse, 1981 ; Bouchon-Navaro *et al.*, 1985 ; Hourrigan *et al.*, 1988 ; Roberts *et al.*, 1992), alors que d'autres sont plus sceptiques (Öhman *et al.*, 1998). Un examen des données obtenues à Mayotte permet de tester la pertinence de l'utilisation de certaines familles comme bioindicatrices de l'environnement récifal mahorais. Mon choix s'est tourné vers les Acanthuridae et les Chaetodontidae, familles directement reliées au substrat par des besoins trophiques. L'analyse sera conduite dans un premier temps sur l'ensemble des stations échantillonnées dans le cadre de l'ORC 2000 ; puis, dans un deuxième temps, sur le site de la Passe en S, en comparant les données pré- (Letourneur, 1996) et post-blanchissement de 1998 [A9].

- En 2000, la famille des Acanthuridae est la plus représentée en nombre d'individus à l'intérieur des populations d'herbivores (88% en moyenne par station). De manière globale, on trouve un nombre élevé de poissons-chirurgiens sur les platiers des récifs frangeants (moy. 108 ind. / 250 m^2) et sur les récifs barrières (moy. 149 ind. / 250 m^2). En revanche, les Acanthuridae sont nettement moins présents sur les récifs frangeants à –3 m et les récifs internes (moy. 50 et 75 ind./ 250 m^2 respectivement) (Figure 37).

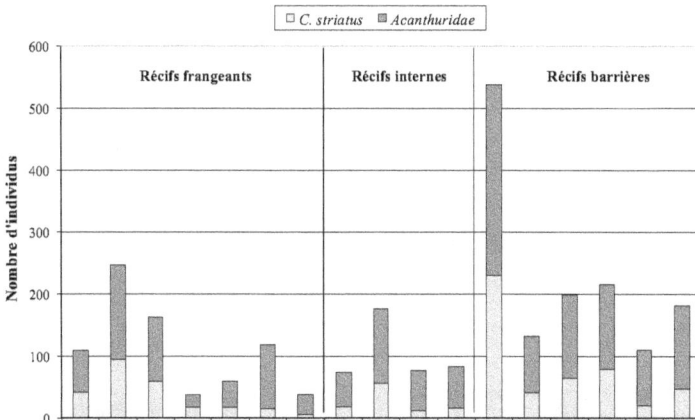

Figure 37 - Abondance totale des *Acanthuridae* et de *Ctenochaetus striatus* par station (250 m^2)

À l'intérieur de cette famille, l'espèce *Ctenochaetus striatus* est nettement dominante, représentant à elle seule plus de la moitié des individus recensés. Les plus fortes densités d'Acanthuridae et de *C. striatus*, ont été relevées au niveau sur GR3 (moy. 309 ind. /250 m^2, dont 230 *C. striatus*) et DO0 (moy. 151 ind. /250 m^2, dont 95 *C. striatus*). Ces deux sites de Douamougno et du Grand Récif du Nord-Est ont été fortement impactés par la mortalité corallienne suite au blanchissement massif. En 1999, le recouvrement algal était supérieur à 64 % sur DO0 et de 84 % sur GR3 (Bigot, données non publiées).

- La famille des Chaetodontidae est peu représentée en nombre d'individus à l'intérieur du peuplement ichtyologique. Parmi les poissons-papillons, *Chaetodon trifasciatus* est l'espèce la plus abondante, représentant en moyenne 18% du total de la famille. Le maximum de poissons-papillons a été recensé sur PR0 (moy. 13 ind. dont 7,5 *C. trifasciatus* /250 m^2), et SA (SA0 : moy.10 ind. dont 5 *C. trifasciatus*, SA3 : 14 ind. dont 2,5 de *C. trifasciatus* /250 m^2) (Figure 38). Hormis ces stations, *C. trifasciatus* est observé de manière occasionnelle, particulièrement sur les platiers des récifs frangeants (moy. 2,5 individus /250 m^2). Ces valeurs de l'ordre de 0,01 individus /m^2 sont faibles par rapport à celles recensées habituellement dans le SO de l'Océan Indien. Sur le platier dégradé de St Leu suite à l'impact de Firinga, la population de *C. trifasciatus* était estimée à 0.04 ind./ m^2 sur SLT en 1998, ce qui représentait déjà une valeur faible pour les platiers réunionnais.

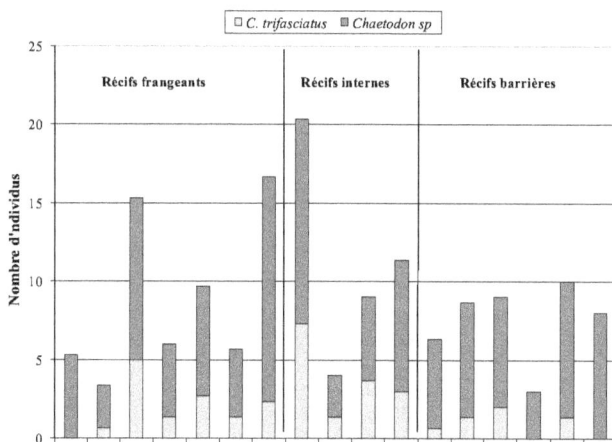

Figure 38 - Abondance totale des Chaetodontidae et de *Chaetodon.trifasciatus* par station (250 m^2) à Mayotte en 2000.

- Une comparaison des données obtenues dans la Passe en S, située sur la pente externe du récif barrière, avant (Letourneur, 1996) et après le blanchissement massif [A9] montre que le nombre d'espèces et d'individus recensés par station n'a pas évolué de manière significative entre 1995 et 2000. En revanche, une analyse, axée sur les Chaetodontidae et les Acanthuridae, révèle des changements importants dans la densité des individus. L'abondance des Chaetodontidae passe de 24 ind.. /200 m^2 en 1995 à 4 ±2 ind. /250 m^2 en 2000, et celle des Acanthuridae, de 62 ind. /200 m^2 en 1995 à 108 ±30 ind. /250 m^2 en 2000. Ces variations sont d'autant plus accentuées que la Passe en S est le site de pente externe où l'on a trouvé le moins d'Acanthuridae (Figure 37) et le plus de chaetodontidae en 2000 (Figure 38). Ces résultats suggèrent que le blanchissement massif de 1998 a eu un impact très important sur ces deux familles. De 1998 à 2000, le recouvrement en corail vivant sur la Passe en S est passé d'environ 80% à 20%, le phénomène inverse étant observé pour le recouvrement algal (Bigot, données non publiées). Ces variations ont entraîné des changements drastiques des populations de certaines familles comme les Acanthuridae et les Chaetodontidae, reliées directement au substrat par des besoins trophiques. Dans le cas d'un changement brutal et de grande ampleur dans les communautés benthiques (ex. blanchissement massif), ces familles réagissent fortement aux variations du milieu, et peuvent à ce titre, être utilisées comme indicatrices du milieu récifal. En particulier, *Ctenochaetus striatus* et *Chaetodon trifasciatus,* espèces les plus caractéristiques de ces familles, et choisies comme espèces cibles dans le suivi COI [O1, O2] (Figure 15) peuvent être de bons indicateurs pour estimer l'état de santé d'un récif corallien, avec un certain nombre de précautions et sans désolidariser les espèces du milieu. Il faut toujours avoir un certain recul (données antérieures notamment) et une connaissance du milieu étudié pour interpréter correctement les résultats. C'est un peu le danger de l'utilisation des espèces dites « bioindicatrices » par des non-spécialistes et du pouvoir abusif qu'ils leur confèrent par une certaine volonté de simplifier à outrance la complexité de l'écosystème récifal.

Malgré les déséquilibres importants observés sur les communautés récifales, l'écosystème récifal de Mayotte montre des capacités de régénération remarquables, aussi bien pour les peuplements coralliens qu'ichtyologiques. En novembre 2000, de très nombreux juvéniles de poissons ont été observés, ainsi que des reprises de croissance corallienne parfois spectaculaires sur les récifs internes et frangeants (SU, PR, SA). J'ai pu, lors d'une mission plus ponctuelle de 2002, vérifier les fortes capacités de résilience de l'écosystème récifal mahorais. Ces capacités proviendraient, en partie, des conditions environnementales favorables à l'intérieur du lagon (richesse en plancton), l'absence d'évènement cyclonique majeur ces dernières années, la superficie élevée des récifs (1 500 km^2) et des possibilités d'autorecrutement des populations coralliennes et ichtyologiques. J'ai également constaté la très lente régénération des pentes externes des récifs barrières, toujours dominées en 2002 par les algues et les populations de *Ctenochaetus striatus*. Les peuplements coralliens montreraient des capacités de régénération beaucoup plus importantes dans les lagons soumis habituellement à des stress (réchauffement des eaux, sédimentation…) que sur les pentes externes, naturellement moins « agressées ». Ces constatations soulignent les capacités d'adaptation de certaines espèces coralliennes ; ce qui est un résultat plutôt positif dans un contexte de changements globaux néfastes pour l'avenir des récifs coralliens.

Deux ans après le blanchissement massif qui a touché les récifs coralliens du SO de l'Océan Indien, les peuplements ichtyologiques récifaux de Mayotte, analysés à travers leurs descripteurs synthétiques globaux (richesse spécifique et densité par station), ne semblent pas être affectés de manière significative par la mortalité massive des coraux constructeurs de récifs. Néanmoins, la structure trophique des peuplements a été bouleversée par les changements drastiques des communautés benthiques, dominées par les peuplements coralliens avant 1998 et algaux après 1998. Une des conséquences du blanchissement corallien est l'augmentation des populations de poissons herbivores, avec des densités très élevées recensées en 2000 sur les platiers des récifs frangeants et les pentes externes des récifs barrières. À partir de données bibliographiques obtenues avant le blanchissement (Passe en S), une comparaison entre 1995 et 2000, axée sur des familles reliées directement au substrat par des besoins trophiques, montre que les Acanthuridae (herbivores) ont connu une nette augmentation en nombre d'individus (x2) durant cette période, alors que les Chaetodontidae (corallivores) ont accusé une forte diminution (:6) de leurs populations. Malgré les déséquilibres importants occasionnés par la mortalité massive des coraux, les communautés récifales du lagon de Mayotte montrent de fortes capacités de régénération, qui proviendraient en partie des conditions environnementales favorables et du « dynamisme » du recrutement des populations récifales.

III.3. Effets des perturbations liées aux activités humaines

Les études sur l'impact des perturbations liées aux activités humaines, auxquelles j'ai été associée, sont ramenées au contexte réunionnais, à travers les conséquences de l'eutrophisation en milieu corallien sur les peuplements ichtyologiques.

L'eutrophisation devient un problème majeur en milieu corallien (Pastorok & Bilyard, 1985 ; Tomascik & Sander, 1987 ; Bell, 1992). Ce phénomène favorise le développement du phytoplancton et accroît la production de la colonne d'eau, entraînant une augmentation des algues filamenteuses et des organismes benthiques filtreurs (Pastorok & Bilyard, 1985 ; Bell, 1992). Au fur et à mesure que les algues prolifèrent, elles colonisent les coraux vivants et finissent par former un épais tapis qui tue les polypes coralliens piégeant le sédiment et en bloquant la lumière (Tomascik & Sander, 1987). En milieu eutrophisé, les algues et organismes filtreurs deviennent alors dominants par rapport aux communautés coralliennes (Smith *et al.*, 1981 ; Pastorok & Bilyard, 1985 ; Cuet *et al.,* 1988 ; Bell, 1992 ; Naim, 1993).

À La Réunion, dès le début des années 80, une régression des peuplements de coraux constructeurs au profit d'algues filamenteuses et d'éponges est observée sur les récifs (Bouchon et Bouchon-Navaro, 1981; Faure, 1982), ainsi que des mortalités massives de colonies coralliennes (Guillaume *et al.*, 1983). La problématique du Laboratoire de Biologie marine de l'Université de La Réunion (qui deviendra plus tard ECOMAR) s'oriente alors vers les conséquences des perturbations sur le milieu récifal. Cuet *et al.* (1988) montre la bonne corrélation qui existe entre la régression des peuplements coralliens et l'extension des eaux douces enrichies en sels nutritifs sur les platiers récifaux provoquant une eutrophisation du milieu. Au début des années 90, Letourneur et moi-même avons rajouté, avec des approches complémentaires, le compartiment « poissons » dans les études sur les « récifs laboratoires » de La Réunion. Une des originalités d'ECOMAR (Laboratoire d'Ecologie Marine) est de rassembler, dans un espace relativement restreint (25 km^2 de récifs), un ensemble de spécialistes (physico-chimie des eaux, coraux, algues, échinodermes, poissons) sur des stations « pilotes », suivies au cours du temps. Ces travaux pluridisciplinaires ont été valorisés dans différents colloques internationaux [A7, R5, R9, R16].

L'eutrophisation des milieux récifaux à La Réunion est la conséquence de l'urbanisation intensive des bassins versants avec ses corollaires : augmentation des eaux de ruissellement et de la pollution. L'urbanisation des zones littorales et la construction de routes ont accru le volume des rejets d'eaux pluviales et ont modifié le trajet naturel des écoulements. Des buses d'écoulement ont été implantées en dehors des ravines et déversent directement dans la zone d'arrière-récif (hormis sur le récif de La Saline) des eaux douces polluées par des matières en suspension et des métaux lourds. Le lessivage des sols peut provoquer également un enrichissement notable des eaux récifales en phosphates au début de la saison des pluies (Cuet, 1994). Cependant, les eaux superficielles ne sont pas le seul vecteur potentiel d'enrichissement en sels nutritifs. Les eaux douces souterraines s'écoulent également sur les récifs de La Réunion selon des modalités décrites par Join *et al.* (1988). Dans la plaine littorale de Saint-Gilles, les formations volcaniques issues du massif du Piton des Neiges s'ennoient sous des dépôts détritiques d'origine essentiellement corallienne sur une largeur d'environ deux kilomètres. La série volcanique est aquifère et contient une nappe, dite "nappe des basaltes", dont l'alimentation s'effectue sur les surfaces des hautes pentes du massif selon un bassin versant mal défini. Cette nappe s'écoule en partie sous les formations détritiques et sort en mer au-delà de la barrière récifale ; mais une partie de l'écoulement alimente une nappe superficielle contenue dans les formations détritiques ("nappe des sables") qui peut percoler dans la zone d'arrière-récif. Ces percolations sont considérées actuellement comme la source principale d'enrichissement en sels nutritifs d'origine humaine des eaux récifales de St Gilles/La Saline (Cuet *et al.*, 1988 ; Naim & Cuet, 2000).

Les conséquences de l'eutrophisation sur les peuplements ichtyologiques seront analysées ici sur le récif frangeant de St Gilles/La Saline (Figures 17, 39 et 40). Ce complexe récifal a fait l'objet de nombreuses études, notamment sur la qualité des eaux (Cuet, 1989) et leur influence sur la dégradation des peuplements benthiques (Cuet *et al.*, 1988 ; Naim, 1993). Des données physico-chimiques et biologiques permettent donc de caractériser les sites en fonction de leur concentration en sels nutritifs (milieux oligotrophe et eutrophe).

J'aborderai l'impact de l'eutrophisation sur les peuplements ichtyologiques à travers les questions suivantes :

1. L'eutrophisation des platiers récifaux se répercute-t-elle sur la distribution des peuplements ichtyologiques ? Cette étude est menée sur deux sites plus ou moins eutrophisés (Toboggan, Planch'Alizés), caractérisés et différenciés dans cette étude selon des critères essentiellement physico-chimiques (III.3.1).

2. L'eutrophisation se fait-elle sentir également sur les peuplements ichtyologiques de pente externe ? Cette recherche est conduite sur le platier récifal et la pente externe, les différents sites étant caractérisés par leurs peuplements benthiques, puis ichtyologiques. Cette étude permet d'aborder les relations entre les deux compartiments majeurs de l'écosystème récifal (III.3.2).

3. L'eutrophisation favorise le développement des algues au détriment des peuplements coralliens, condition qui devrait être favorable aux organismes herbivores brouteurs (essentiellement oursins et poissons). Les poissons herbivores, représentés par les Scaridae, jouent-ils un rôle important dans le contrôle de la biomasse algale ? Cette question a été abordée à travers une étude sur la quantification du budget des carbonates (calcification, bioérosion externe) effectuée dans le cadre du programme PNRCO (Programme National sur les Récifs Coralliens) (III.3.3).

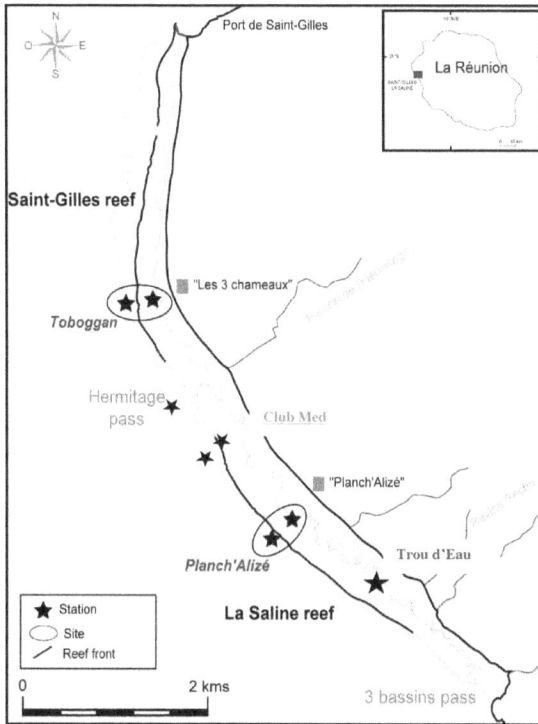

Figure 39 - Complexe récifal de St Gilles/La Saline et localisation des radiales pilotes : Toboggan (Trois-Chameaux ou TB), Planch'Alizés (PA), Club Med (CM), Trou d'Eau (TE).

Figure 40 - Vue aérienne de La Passe de l'Hermitage qui marque la discontinuité entre les récifs de St-Gilles (à droite) et de La Saline (à gauche) (photo G. Ancel).

III.3.1. Impact de l'eutrophisation sur la distribution des peuplements et populations ichtyologiques de platier [A2, A3].

Les connaissances acquises sur le récif de St Gilles/La Saline permettent de distinguer deux secteurs plus ou moins soumis à un enrichissement en sels nutritifs: Toboggan (TB), milieu oligotrophe, et Planch'Alizés (PA), milieu dystrophe (Cuet *et al.*, 1988). Ces secteurs, distants de 2 km, ont des structures géomorphologiques identiques et sont séparés par la passe de l'Hermitage (Figures 39 et 40). La distribution des communautés benthiques et les paramètres physico-chimiques des eaux récifales de ces secteurs sont bien connus (Tableau IX). TB est considéré comme un secteur non perturbé et PA, un secteur perturbé suite à l'enrichissement en sels nutritifs.

Sur chaque secteur, trois zones d'échantillonnage sont définies sur les trois unités géomorphologiques (ou biotopes) à l'intérieur du récif frangeant : l'arrière-récif, le platier interne et le platier externe (Figure 41). Sur chaque biotope, des comptages ont été faits sur trois transects de 100 m² (stations), positionnés à des endroits différents. Dans un premier temps, le peuplement, visible par observations visuelles, a été pris en compte (nombre d'individus par espèce) pour une analyse globale de distribution des espèces sur le récif. Dans un deuxième temps, une analyse de la distribution de taille est conduite sur trois espèces fréquemment observées sur les platiers récifaux de La Réunion, et particulièrement de St-Gilles/La Saline : *Chaetodon trifasciatus* (corallivore strict), *Ctenochaetus striatus* (herbivore) *et Dascyllus aruanus* (omnivore).

Tableau IX – Comparaison des paramètres chimiques et biologiques entre les secteurs non perturbé (Toboggan: TB) et perturbé (Planch'Alizés : PA). Données physico-chimiques d'après Cuet (1989), données benthos d'après Cuet *et al.* (1988), Naim (1993) [A3].

Secteur	Paramètres	Arrière-récif	Platier
TB	Moy. NO_3^-	$0,73 \pm 0,35$ mM	$0,71 \pm 0,36$ mM
	Moy. PO_4^{3-}	$0,23 \pm 0,06$ mM	$0,39 \pm 0,18$ mM
	Salinité	$35,12 \pm 0,12$ ‰	$35,14 \pm 0,11$ ‰
	Benthos	Peu d'algues	Bonne vitalité coraux
PA	Moy. NO_3^-	$3,23 \pm 0,99$ mM	$0,96 \pm 0,42$ mM
	Moy. PO_4^{3-}	$0,36 \pm 0,18$ mM	$0,33 \pm 0,09$ mM
	Salinité	$34,68 \pm 0,15$ ‰	$35,13 \pm 0,11$ ‰
	Benthos	Dominance algues	Dégradation coraux

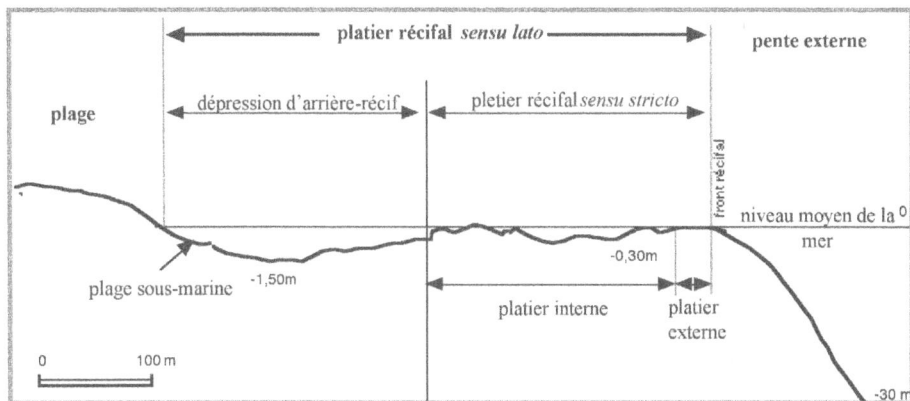

Figure 41 - Profil type d'un récif corallien frangeant de la Réunion et nomenclature géomorphologique utilisée (illustration Naim).

> Analyse des peuplements ichtyologiques (à partir de données d'abondance par espèce) [A3].

Une Analyse Factorielle des Correspondances (AFC) est réalisée sur une matrice croisant espèces et stations (Figure 42). L'axe 1 (28%) différencie les stations de platier externe qui sont regroupées, de celles situées sur l'arrière-récif et le platier interne. Les espèces les plus caractéristiques du platier externe appartiennent aux familles des Pomacentridae (*Abudefduf sparoides, Plectroglyphidodon phoenixensis, P. imparipennis, Stegastes albifasciatus*) et des Labridae (*Halichoeres nebulosus, H. hortulanus*). L'axe 2 (18%) sépare essentiellement les stations de platier interne de TB (plus une station de PA), d'un ensemble qui regroupe les stations d'arrière-récif (TB, PA) et de platier interne de PA.

L'AFC montre que :

• Les peuplements se différencient selon la géomorphologie récifale : un peuplement d'arrière-récif, de platier interne et de platier externe. Cette distribution horizontale des peuplements le long d'une radiale plage - front récifal, est une des caractéristiques des peuplements de poissons récifaux (cf. III.1.3), notamment sur les platiers récifaux réunionnais (Letourneur, 1992).

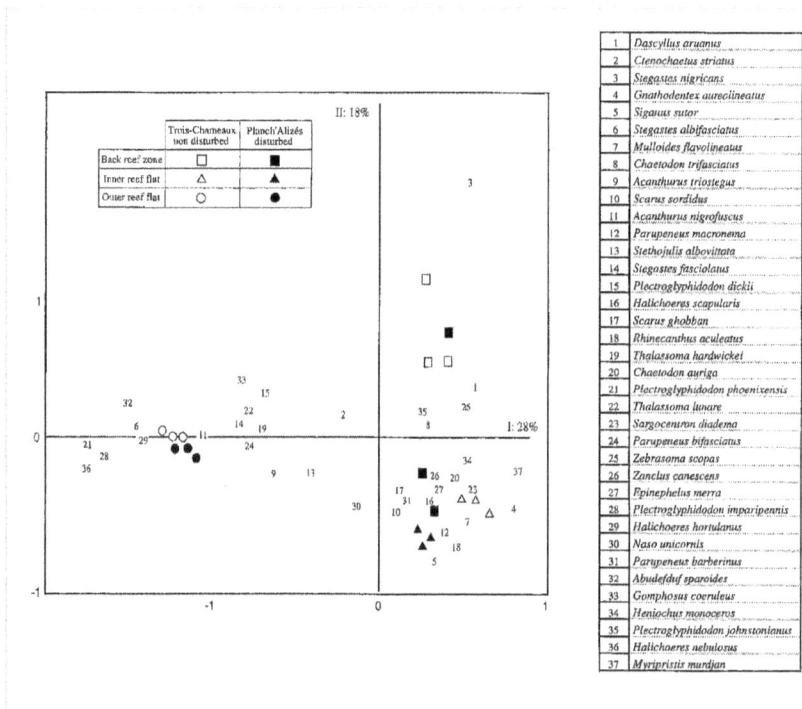

	Trois-Chameaux non disturbed	Planch'Alizés disturbed
Back reef zone	□	■
Inner reef flat	△	▲
Outer reef flat	○	●

1	*Dascyllus aruanus*
2	*Ctenochaetus striatus*
3	*Stegastes nigricans*
4	*Gnathodentex aureolineatus*
5	*Siganus sutor*
6	*Stegastes albifasciatus*
7	*Mulloides flavolineatus*
8	*Chaetodon trifasciatus*
9	*Acanthurus triostegus*
10	*Scarus sordidus*
11	*Acanthurus nigrofuscus*
12	*Parupeneus macronema*
13	*Stethojulis albovittata*
14	*Stegastes fasciolatus*
15	*Plectroglyphidodon dickii*
16	*Halichoeres scapularis*
17	*Scarus ghobban*
18	*Rhinecanthus aculeatus*
19	*Thalassoma hardwickei*
20	*Chaetodon auriga*
21	*Plectroglyphidodon phoenixensis*
22	*Thalassoma lunare*
23	*Sargocentron diadema*
24	*Parupeneus trifasciatus*
25	*Zebrasoma scopas*
26	*Zanclus canescens*
27	*Epinephelus merra*
28	*Plectroglyphidodon imparipennis*
29	*Halichoeres hortulanus*
30	*Naso unicornis*
31	*Parupeneus barberinus*
32	*Abudefduf sparoides*
33	*Gomphosus coeruleus*
34	*Heniochus monoceros*
35	*Plectroglyphidodon johnstonianus*
36	*Halichoeres nebulosus*
37	*Myripristis murdjan*

Figure 42 - Analyse Factorielle des Correspondances entre espèces ichtyologiques (numéros) et stations (symboles) du platier récifal de Toboggan (ou Trois-Chameaux, secteur non perturbé) et Planch'Alizés (secteur perturbé) appartenant au complexe récifal de St Gilles/La Saline [A3].

- Les peuplements d'arrière-récif et de platier interne du secteur perturbé (PA) ont des similarités avec ceux de l'arrière-récif du secteur non pertubé (TB). Ce résultat souligne que les perturbations dues à l'eutrophisation affectent essentiellement les peuplements d'arrière-récif, puis ceux de platier interne, mais semblent moins toucher les peuplements de platier externe. Il existe donc un gradient côte – front récifal avec une diminution de l'impact des perturbations sur les peuplements ichtyologiques au fur et à mesure qu'on s'éloigne de la plage. Ce gradient se retrouve dans les caractéristiques physico-chimiques et biologiques du milieu, les deux secteurs se différenciant essentiellement au niveau de l'arrière-récif (Tableau IX). Ces distinctions proviendraient en partie des eaux souterraines, dont les sorties en milieu récifal seraient différentes selon les secteurs géographiques. Selon le schéma proposé par Join *et al.* (1988), l'aquifère principal (« nappe des basaltes ») sort en mer au-delà de la barrière récifale, mais une partie de l'écoulement alimente une nappe superficielle (« nappe des sables ») qui peut resurgir dans la zone d'arrière-récif, à la faveur de discontinuités dans le niveau imperméable séparant les deux nappes. Lorsque le recouvrement détritique est épais et/ou imperméable, l'essentiel du débit souterrain émerge au-delà de la barrière récifale; c'est le cas du récif de Saint-Gilles (Join, 1991). À l'inverse, au niveau du récif de La Saline, la majeure partie de l'écoulement souterrain sort directement au niveau de l'arrière-récif ; il y aurait ensuite un phénomène de dilution des sels nutritifs lorsque les eaux sont brassées et véhiculées vers le large. Ainsi, l'épaisseur du recouvrement détritique et sa continuité selon les secteurs, pourraient expliquer les différences de concentration en sels nutritifs entre les deux secteurs [R5]. Des mesures chimiques dans la zone d'arrière-récif ont mis en évidence ces sorties d'eaux souterraines et leur contamination par des sels nutritifs (phosphates, nitrates) provenant des habitations en bordure de plage (Cuet, 1989).

Les résultats obtenus par l'AFC se retrouvent lorsque l'abondance, en tant que descripteur synthétique de l'information, est analysée. En effet, une différence significative dans le nombre d'individus comptabilisés apparaît entre les deux secteurs d'étude au niveau de l'arrière-récif, l'abondance du secteur non perturbé (TB) étant doublement supérieure à celle du secteur perturbé (PA). Pour les espèces les plus abondantes, TB a un nombre d'individus significativement plus élevé pour *Dascyllus aruanus* et *Plectroglyphidodon dickii* (Pomacentridae), *Ctenochaetus striatus* (Acanthuridae), *Chaetodon trifasciatus* (Chaetodontidae), et PA, pour *Naso unicornis* (Acanthuridae) et *Ostracion meleagris* (Ostraciidae). Une analyse de distribution de taille est ensuite réalisée sur trois de ces espèces : *D. aruanus, C. striatus* et *C. trifasciatus.*

> ➤ Analyse des populations de *Ctenochaetus striatus, Chaetodon trifasciatus* et *Dascyllus aruanus* (à partir de données d'abondance et de distribution de taille par espèce) [A2].

Une étude comparative sur la distribution des tailles de poisson a été effectuée sur les mêmes secteurs (TB et TA) et les mêmes biotopes (arrière-récif, platiers interne et externe). Trois espèces ont été choisies en raison de leur abondance et de leur régime alimentaire différent : *Ctenochaetus striatus* (herbivore)*, Chaetodon trifasciatus* (corallivore) et *Dascyllus aruanus* (omnivore). Les résultats montrent que (Figure 43) :

• La taille des individus augmente depuis la zone d'arrière-récif jusqu'au platier externe, sauf pour *Dascyllus aruanus*, et ceci indépendamment du secteur considéré. Cela suggère pour ces espèces, l'existence d'une zone de nurserie (arrière-récif) à partir de laquelle s'effectuerait la colonisation du récif.

• Dans les zones d'arrière-récif et de platier interne, il y a une différence significative dans la distribution des tailles des poissons entre les secteurs perturbé et non perturbé. De plus, les juvéniles sont significativement moins nombreux dans le secteur perturbé. Ces résultats sont vraisemblablement liés à la perturbation du milieu corallien, un milieu eutrophisé favorisant le développement des peuplements algaux au détriment des peuplements coralliens, entraînant ainsi une modification des communautés benthiques et de l'habitat corallien. Ce changement touche essentiellement les zones les plus internes du récif frangeant, considérées comme nurserie pour de nombreuses espèces de poissons. Une densité moindre de juvéniles sur le secteur perturbé pourrait être reliée aux modifications de l'habitat moins favorable pour les post-larves et/ou les juvéniles. Pour les populations de *Dascyllus aruanus* par exemple, les post-larves coloniseraient préférentiellement les coraux branchus vivants habités par des adultes de la même espèce, les adultes ayant un rôle attracteur (phéromones) et protecteur sur les post-larves et juvéniles (Sweatman, 1983). Un milieu enrichi en sels nutritifs pourrait perturber l'olfaction des post-larves en recherche d'un habitat favorable à leur installation. De plus, en phase de post-installation, l'habitat corallien joue un rôle essentiel pour les juvéniles qui l'utilisent directement en tant qu'abri et/ou source de nourriture. Pour certains, la protection crée par les coraux branchus est vitale. Un site oligotrophe est plus favorable au développement de formes coralliennes branchues (Naim, 2002) et donc à l'installation des juvéniles et au succès du recrutement.

L'eutrophisation entraîne des perturbations sur les peuplements benthiques qui se répercutent ensuite sur les populations ichtyologiques, notamment les juvéniles. Ces relations sont-elles quantifiables ? L'étape suivante est de prendre en compte simultanément les peuplements benthiques et ichtyologiques sur une station afin d'analyser, de manière plus directe, les relations entre les deux compartiments majeurs de l'écosystème récifal.

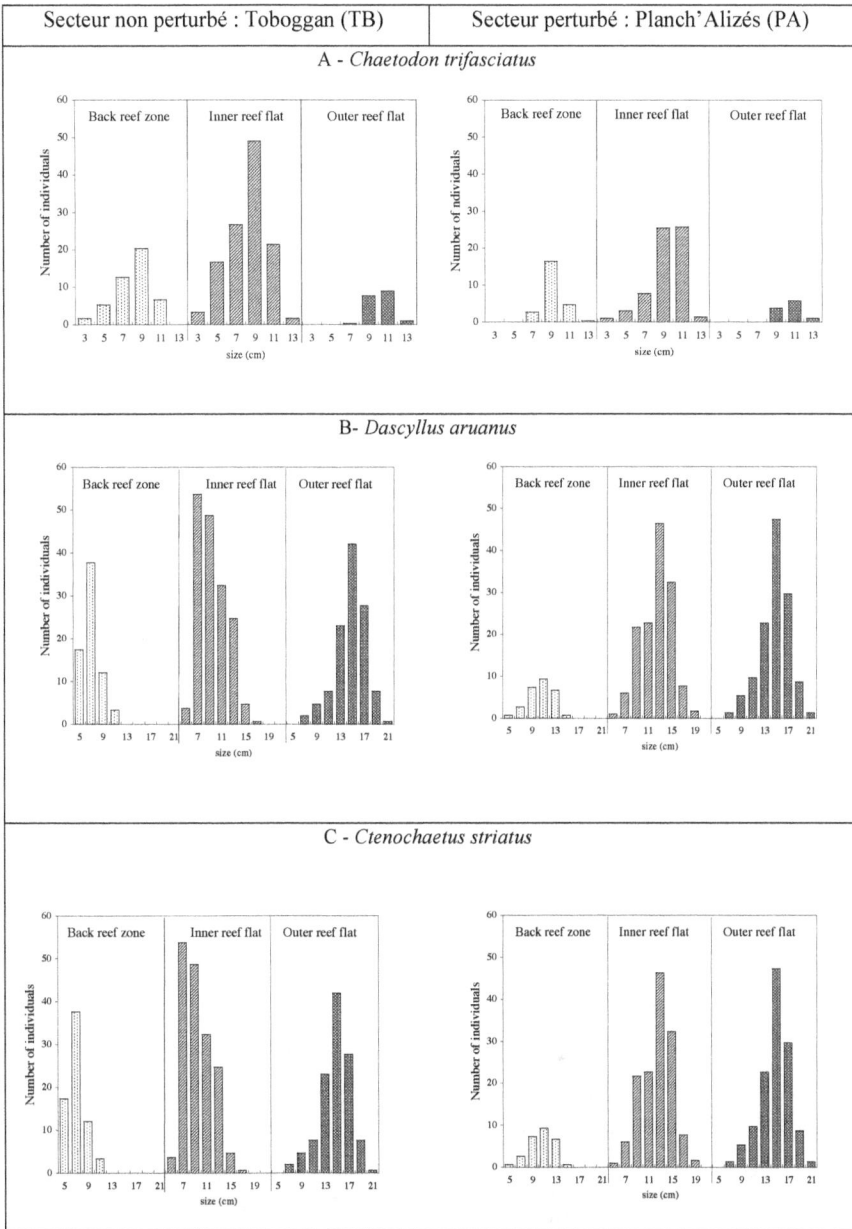

| Secteur non perturbé : Toboggan (TB) | Secteur perturbé : Planch'Alizés (PA) |

A - *Chaetodon trifasciatus*

B- *Dascyllus aruanus*

C - *Ctenochaetus striatus*

Figure 43 - Distribution de taille d'espèces ichtyologiques, sur trois zones géomorphologiques (back reef zone : arrière-récif, inner reef flat : platier interne, outer reef flat : platier externe) de deux secteurs (Toboggan, Planch'Alizés) du récif frangeant de St Gilles/La Saline. A : *Chaetodon trifasciatus*, B : *Dascyllus aruanus*, C : *Ctenochaetus striatus* [A2].

III.3.2. Analyse des relations entre peuplements benthiques et ichtyologiques sur le platier et la pente externe [A4].

L'échantillonnage a été effectué sur 6 secteurs d'étude répartis tout au long du complexe récifal de St Gilles/La Saline : Toboggan (TB), Club Méditerranée (CM), Planch'Alizés (PA) et les passes de Saint-Gilles (PS), de l'Hermitage (PH) et de Trois-Bassins (PT) (Figure 39). Les trois secteurs situés sur le platier récifal, hors des zones de passes, ont fait l'objet de suivis réguliers sur la physico-chimie des eaux récifales (Cuet, 1989, 1994 ; Cuet *et al.*, 1988) et les peuplements benthiques (Naim, 1989, 1993, 1994). Ces études décrivent TB en tant que secteur non perturbé, et PA et CM en tant que secteurs perturbés par des enrichissements en sels nutritifs. Des études ont également été effectuées sur les peuplements ichtyologiques de TB et PA (Letourneur, 1992) [A2].

Sur chacun des secteurs choisis, les relevés ont été effectués sur 2 zones d'échantillonnage appartenant à des biotopes différents : platier et pente externe (-15 m), sauf dans les passes où seule la pente externe a été prise en compte (platier récifal absent). Dans chacune de ces zones, 3 stations ont été échantillonnées par observations visuelles en utilisant la technique des transects. Dans un premier temps, les organismes benthiques interceptés par le quintuple décamètre, tels que les coraux ou autres peuplements, ainsi que le substrat abiotique, ont été notés et leur longueur mesurée. Les coraux ont été pris en compte au niveau spécifique. Puis, les individus des espèces de poissons observables ont été dénombrés dans une aire de 50x2m, répartie de part et d'autre du transect. À partir de la liste des espèces rencontrées par station, des descripteurs synthétiques ont été utilisés pour caractériser les compartiments benthique et ichtyologique (Tableau X).

Tableau X – Descripteurs synthétiques des compartiments substrat et poissons.

SUBSTRAT	Nombre d'espèces coralliennes, nombre de colonies coralliennes, taille des colonies coralliennes, diversité (Shannon), % de recouvrement en corail vivant, % de recouvrement en matériel détritique (coraux morts, détritique grossier, sable, dalle, blocs), % de recouvrement en algues (dressées, gazonnantes, calcaires), % de recouvrement en alcyonaires, % de recouvrement en coraux branchus, % de recouvrement en coraux massifs, % de recouvrement en coraux encroûtants
POISSONS	Nombre d'individus, nombre d'espèces de poissons, diversité (Shannon), nombre d'individus herbivores, nombre d'individus omnivores, nombre d'individus brouteurs d'invertébrés sessiles, nombre d'individus carnivores, nombre d'individus planctonophages

➤ *« Diagnostic topologique » des peuplements benthiques et ichtyologiques (AFC)*

Les principaux résultats qui se dégagent des AFC réalisées sur les données substrat, puis les données ichtyologiques, montrent que :

• Quelque soit le compartiment analysé, la discrimination des différentes zones d'échantillonnage se fait d'abord par zone géomorphologique, avec une opposition systématique des peuplements de platier et de pente externe.

• Pour le compartiment « substrat », une première AFC sur l'ensemble des données montre une discrimination entre secteur non perturbé (TC) et perturbés (CM et PA) sur le platier, et entre passes et pente bioconstruite sur la pente externe. Sur le platier, les principaux descripteurs factoriels caractéristiques du secteur non perturbé sont des coraux vivants branchus (*Acropora sp*), alors que pour les secteurs perturbés, ce sont des algues dressées et du matériel détritique grossier. Une deuxième AFC, effectuées uniquement sur les données de pente externe, montre une opposition entre TC, caractérisé par des algues dressées et gazonnantes, et PA, caractérisé par des coraux vivants (*Porites lutea, Acropora danai*).

• Pour le compartiment « poissons », l'AFC effectuée sur l'ensemble des données montre une discrimination entre les trois secteurs (TC, CM et PA) sur le platier, alors que sur la pente externe, le peuplement ichtyologique est homogène. Les principaux descripteurs factoriels caractéristiques du secteur non perturbé (TC) sont des espèces appartenant aux Chaetodontidae et aux Pomacentridae, alors que les secteurs perturbés sont caractérisés par des Acanthuridae et Scaridae. Sur les secteurs perturbés, certains Acanthuridae sont plus représentatifs de PA (*Ctenochaetus striatus, Acanthurus nigrofuscus)*, alors que d'autres, comme *Acanthurus triostegus,* sont mieux représentés à CM.

Les analyses factorielles nous donnent un premier aperçu de la distribution spatiale des peuplements benthiques et ichtyologiques sur le complexe récifal de St Gilles/La Saline qui varient selon les biotopes, mais aussi selon les radiales. Les variations de peuplements entre secteurs sur le platier récifal sont observées aussi bien au niveau du substrat que sur les poissons. En revanche, sur la pente externe, le peuplement ichtyologique est homogène, alors que les peuplements benthiques se différencient selon les secteurs. De plus, des différences entre peuplements benthiques sont observées selon les radiales : TC est caractérisé par des *Acropora* sur le platier et par des algues sur la pente externe ; à l'inverse, PA est décrit par des algues sur le platier et par des coraux vivants sur la pente externe. Ces distinctions observées entre même biotopes pourraient être expliquées par les eaux souterraines enrichies en sels nutritifs, dont les sorties seraient différentes selon le secteur géographique. En fonction du recouvrement détritique, les sorties d'eaux souterraines seraient favorisées au niveau du platier pour le récif de La Saline, et au niveau de la pente externe sur le récif de St Gilles (Join *et al.*, 1988) ; ce modèle va dans le sens des données biologiques obtenues dans le cadre de cette étude. L'homogénéité des peuplements ichtyologiques de pente externe semble indiquer que l'impact de l'eutrophisation sur les peuplements ichtyologiques, *via* les peuplements benthiques, se ferait moins ressentir sur la pente externe que sur le platier. Plusieurs facteurs contribueraient à ce résultat : une variabilité et un contraste plus forts entre secteurs pour les peuplements benthiques du platier récifal, milieu plus ou moins confiné, et/ou une faible hauteur d'eau qui « imposerait » des relations plus étroites entre peuplements benthiques et ichtyologiques sur le platier.

> *Quantification des relations entre peuplements benthiques et ichtyologiques (MND)* [A4].

Les relations entre les descripteurs du substrat et les peuplements ichtyologiques sont recherchées par la Méthode des Nuées Dynamiques (MND), analyse multidimensionnelle de classification automatique. Son principe est de classer les individus en ensembles à fortes homogénéités intragroupes et à fortes différences intergroupes, et de retenir les classes pour lesquelles les différences entre groupes sont les plus importantes. Dans un premier temps, un découpage du compartiment « substrat » est effectué à partir d'une matrice croisant les descripteurs synthétiques du substrat avec les stations étudiées. Ce partitionnement nous permet de dégager différents comportements « type » (typologies) ou classes du substrat. Une fois les typologies identifiées, chacune des classes est caractérisée par ses descripteurs synthétiques ichtyologiques afin de dégager les liens entre certains paramètres ichtyologiques et ceux du substrat. Chacune des classes peut également être définie par ses descripteurs spécifiques ichtyologiques ou benthiques, pris en compte dans l'échantillonnage (espèces coraux, espèces poissons, variables substrat). Le degré (ou l'intensité) de la participation des descripteurs dans chacune des classes est donné par les écarts des moyennes des descripteurs entre les classes et la population (indice dd). Chacun des descripteurs peut donc intervenir positivement si sa moyenne dans la classe est nettement au-dessus de celle de la population, ou négativement si sa moyenne est nettement au-dessous. Plus les descripteurs benthiques et ichtyologiques ont un degré de participation à la classe forte, plus ces descripteurs sont corrélés.

Les relations entre les descripteurs benthiques et ichtyologiques sont analysées selon les différentes classes mises en évidence par la MND (Figure 44).

- *La classe 1* (20% des stations) réunit les stations du platier récifal de TB (zone peu perturbée), et une station située en bordure de la passe de Trois-Bassins, station ayant un peuplement corallien particulièrement riche et diversifié. Cette classe est caractérisée par la participation positive des descripteurs coralliens et ichtyologiques. Les peuplements coralliens, décrits par la taille importante de leurs colonies et le pourcentage élevé de coraux branchus vivants, sont associés à un peuplement ichtyologique diversifié dans lequel les poissons omnivores et brouteurs d'invertébrés sessiles sont les plus nombreux. Cette classe peut être considérée comme décrivant un milieu "témoin" du platier récifal ; la forte contribution des coraux branchus la situerait plutôt en milieu peu profond. Elle est désignée sous le type « *unité bioconstruite de platier non perturbé* ».

Class 1 : platier non perturbé

SUBSTRAT

% algues
% sable & détritique
% corail vivant
% coraux branchus
Taille colonies coraux

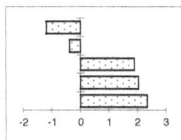

POISSONS

Abondance planctonoph.
Richesse spécifique
Diversité
Abondance brouteurs I.s
Abondance omnivores

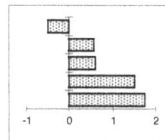

Class 2 : unité bioconstruite perturbé

SUBSTRAT

Diversité coraux
Richesse spécif. coraux
% coraux massifs
% corail vivant
% algues

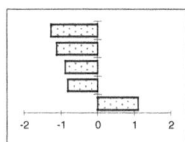

POISSONS

Richesse spécifique
Diversité
Abondance carnivores
Abondance totale
Abondance herbivores

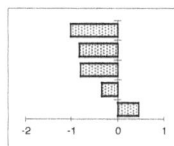

Class 3 : pente externe non perturbé

SUBSTRAT

% détritique
%coraux massifs
Diversité corail
% coraux encroûtants
Richesse spécif. coraux
Abondance coraux

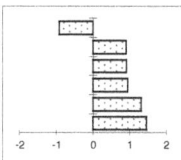

POISSONS

Abondance omnivores
Abondance planctonoph.
Diversité
Richesse spécifique
Abondance carnivores

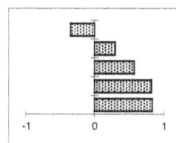

Class 4 : passe

SUBSTRAT

% coraux branchus
% corail vivant
% algues
Abondance corail
% sable & détritique

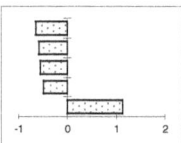

POISSONS

Abondance herbivores
Abondance brouteurs I.s
Abondance omnivores
Abondance
Abondance planctonoph.

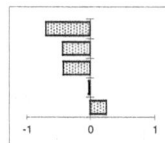

Figure 44 – Résultats obtenus par la Méthode des Nuées Dynamiques (MND) sur les relations entre les descripteurs du substrat et ichtyologiques. Chaque descripteur est caractérisé par son degré de participation à la classe = dd, distance reportée sur les histogrammes. I.s : Invertébrés sessiles [A4].

- *La classe 2* (30% des stations) regroupe les stations situées sur le platier de CM et PA (zones perturbées), auxquelles se sont rajoutées deux stations de TB situées sur la pente externe, stations qui sont caractérisées par un recouvrement élevé en algues et faible en corail vivant. La classe 2 est décrite essentiellement par l'abondance des algues, corrélée à celle des poissons herbivores. Elle est aussi caractérisée par une richesse et une diversité spécifiques faibles en coraux et en poissons. Elle est désignée sous le type « *unité bioconstruite perturbée* ».

- *La classe 3* (23% des stations) regroupe uniquement des stations de pente externe. Elle est caractérisée par un nombre d'espèces et de colonies coralliennes important, une diversité corallienne élevée et un fort pourcentage de coraux massifs et encroûtants. À ce milieu corallien riche et diversifié est associé un peuplement de poissons lui aussi diversifié, avec une prédominance de carnivores et planctonophages. Comme pour la classe 1, ce milieu peut être considéré comme un milieu témoin. En revanche et par opposition à la classe 1, la présence de coraux massifs situerait la classe 3 davantage en profondeur. Elle est désignée sous le type « *unité bioconstruite de pente externe non perturbée* ».

- Enfin, *la classe 4* (27% des stations) regroupe uniquement des stations de passes. Elle est décrite positivement par le pourcentage de recouvrement en matériel détritique et par l'abondance des poissons planctonophages. Tous les autres descripteurs coralliens et ichtyologiques caractérisent cette classe par leur contribution négative. Ce milieu est donc pauvre en coraux, particularité qui le rapproche de la classe 2, mais aussi pauvre en algues, ce qui l'oppose à la classe 2. Cette classe est désignée sous le type « *unité bioconstruite de passes* ».

Chaque classe est également décrite par des espèces caractéristiques ; seules les classes 1 et 2 seront considérées ici en tant qu'indicatrices potentielles de l'impact de l'eutrophisation, la classe 1 en tant que « témoin » et la classe 2, représentative d'un milieu eutrophisé (Figure 45).

- Les espèces coralliennes caractérisant *la classe 1* (« *unité de platier non perturbé* ») appartiennent aux *Acropora* sp (*A. pulchra*, *A. formosa*, *A. humilis*, *A digitifera* et *A. valida)*. Le genre *Acropora*, et plus particulièrement *Acropora formosa*, s'implante en milieu subtidal oligotrophe. Dès que le métabolisme des communautés évolue vers la dystrophie, le genre *Acropora* disparaît et peut être alors considéré comme une véritable sentinelle de l'oligotrophie (Naim & Cuet, 2002). L'enrichissement en sels nutritifs des eaux récifales peut, à terme, faire disparaître les communautés à acropores, ou conduire à morceler les peuplements en petites unités de faible superficie, alternant avec des communautés coralliennes dégradées, riches en algues (Naim, 2003). L'absence d'acropores sur le platier de La Saline est relativement récente car, dans les années 70, ce platier était décrit comme un « *Acropora* assemblage » (Bouchon, 1978). Son évolution vers des communautés benthiques dominées par les algues, associées à quelques coraux massifs, peut être la conséquence des enrichissements chroniques en sels nutritifs des eaux récifales, observés à la fin des années 80 (Cuet *et al.,* 1988).

Classe 1 : unité bioconstruite non perturbée

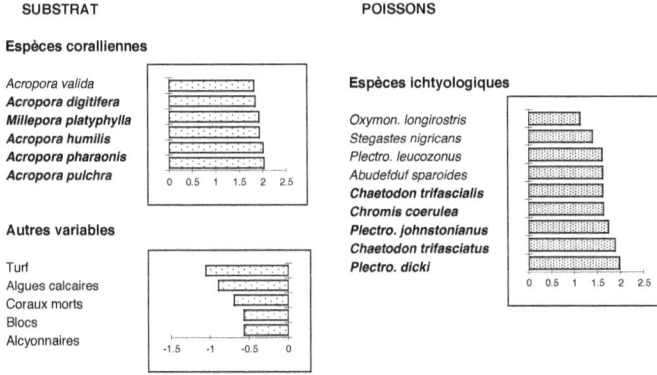

SUBSTRAT   POISSONS

Espèces coralliennes

Acropora valida
Acropora digitifera   Espèces ichtyologiques
Millepora platyphylla
Acropora humilis   Oxymon. longirostris
Acropora pharaonis   Stegastes nigricans
Acropora pulchra   Plectro. leucozonus
    0 0.5 1 1.5 2 2.5   Abudefduf sparoides
                                            Chaetodon trifascialis
Autres variables   Chromis coerulea
                                            Plectro. johnstonianus
Turf   Chaetodon trifasciatus
Algues calcaires   Plectro. dicki
Coraux morts   0 0.5 1 1.5 2 2.5
Blocs
Alcyonnaires
    -1.5 -1 -0.5 0

Classe 2 : unité bioconstruite perturbée

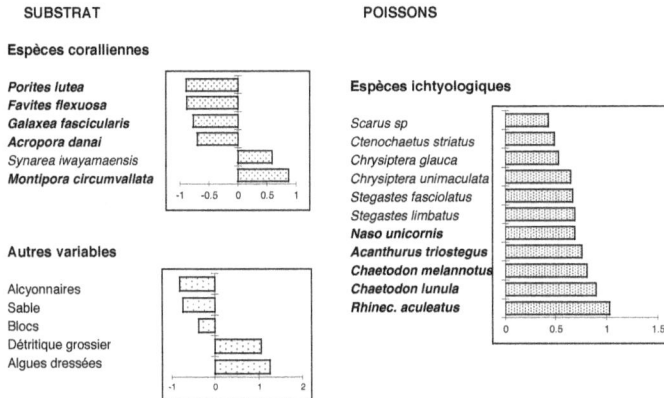

SUBSTRAT   POISSONS

Espèces coralliennes

Porites lutea
Favites flexuosa   Espèces ichtyologiques
Galaxea fascicularis
Acropora danai   Scarus sp
Synarea iwayamaensis   Ctenochaetus striatus
Montipora circumvallata   Chrysiptera glauca
    -1 -0.5 0 0.5 1   Chrysiptera unimaculata
                                            Stegastes fasciolatus
                                            Stegastes limbatus
Autres variables   Naso unicornis
                                            Acanthurus triostegus
Alcyonnaires   Chaetodon melannotus
Sable   Chaetodon lunula
Blocs   Rhinec. aculeatus
Détritique grossier   0 0.5 1 1.5
Algues dressées
    -1 0 1 2

Figure 45 – Résultats obtenus par la Méthode des Nuées Dynamiques (MND) sur les relations entre les espèces coralliennes (et autres variables du substrat) et ichtyologiques [R6]. Chaque descripteur est caractérisé par son degré de participation à la classe = dd, distance reportée sur les histogrammes. I.s : Invertébrés sessiles. L'analyse est faite à partir du partitionnement des classes « substrat » de la Figure 44, mais seules les classes 1 et 2 sont analysées ici pour rechercher les indices spécifiques de perturbations.

Actuellement, sur le platier récifal de St Gilles/La Saline, deux types de communautés benthiques de structures très différentes sont décrites (Naim & Cuet, 2000) :

1) une communauté « ACR » dominée par un peuplement très diversifié de coraux branchus du genre *Acropora* (*Acropora formosa* dominant), un taux de couverture en macroalgues très faible, et de fortes densités d'oursins (notamment *Echinometra mathaei* et Diadematidae) ;

2) une communauté « MAS » dominée par un peuplement de coraux massifs (notamment *Montipora circumvallata* et *Synaraea rus*), en compétition avec des macroalgues molles très abondantes, et des Cyanophycées. Les oursins sont faiblement représentés ou inexistants alors que les holothuries sont très abondantes (notamment *Holothuria atra*).

La première communauté est caractéristique de Toboggan (TB), la seconde de Planch'Alizés (PA). Les différences observées dans la structure des communautés benthiques semblent provenir du contexte géomorphologique et hydrologique. En effet, les zones de sorties d'eau du platier récifal (structure de communautés MAS) subissent un enrichissement en sels nutritifs plus important que les zones d'entrées océaniques (structure de communautés ACR) (Naim & Cuet, 2000). La structure de communauté MAS est alors affectée par un phénomène d'eutrophisation (Mioche & Cuet, 2002), avec un développement d'une biomasse algale très importante sur le platier récifal (Naim, 1993). Dans une telle situation de production de matière organique, la respiration accrue de la biocénose lors des phases nocturnes (Cuet & Naim, *in* Conand *et al.*, 2002) affecte le taux d'oxygène qui peut alors devenir un facteur limitant, pour la survie de certains organismes de la communauté MAS, dont les oursins. La quasi-inexistence des oursins dans les communautés dominées par les macroalgues (Cuet *et al.*, 1988) est aussi un facteur favorisant le développement de ces algues, les oursins constituant un maillon essentiel dans le contrôle de la biomasse algale (Steneck, 1988). Ce phénomène est particulièrement sensible en saison chaude, lorsque la productivité du récif et, en conséquence, les quantités consommées de matière organique par les bactéries, sont les plus élevées, la température la plus forte et les conditions de calme plus fréquentes (Conand *et al.*, 2002).

Pour les poissons, les espèces les plus caractéristiques de *la classe 1* appartiennent au Chaetodontidae *(Chaetodon trifasciatus* et *C. trifascialis)*, Monacanthidae (*Oxymonacanthus longirostris*) et Pomacentridae *(Plectroglyphidodon dicki, P. johnstonianus, Chromis caerulea)*. Pour ces espèces, les coraux branchus vivants sont essentiels pour s'abriter (ex. Pomacentridae), mais également pour se nourrir (Chaetodontidae). Ces espèces, associées aux coraux branchus vivants, sont également celles qui sont les plus sensibles aux perturbations générées par un cyclone ou un blanchissement massif (cf. III.2.2, III.2.3). D'autres espèces de Pomacentridae, associées aux coraux branchus, caractérisent également cette classe, mais leur contribution à la classe est moindre : *Abudefduf sparoïdes, Plectroglyphidodon leucozonus* et *Stegastes nigricans*, dont la présence sur le platier non perturbé est reliée aux coraux branchus vivants, mais aussi morts et colonisés par les algues gazonnantes pour *Stegastes nigricans*.

-La classe 2 *(« unité bioconstruite perturbée »)*, a été décrite principalement en milieu peu profond, cette classe étant caractérisée par 7 stations sur 9 appartenant au platier (CM et PA). Les perturbations d'origine anthropique (eutrophisation) touchent essentiellement les platiers récifaux, donc les zones les plus proches du rivage. Cette unité est essentiellement décrite par les algues dressées (macroalgues). Néanmoins, on y trouve aussi quelques coraux vivants, tels que *Montipora circumvallata* et *Porites (Synaraea) iwayamaensis*. *M. circumvallata* est une espèce reconnue pour sa résistance à la sédimentation (Chappell, 1980) et aux cyclones (Harmelin-Vivien, 1994). C'est donc une espèce particulièrement robuste sous des conditions limitantes, causées par un stress chimique (eutrophisation) ou physique (cyclone, forte houle). *Porites (Synarea)*, espèce ubiquiste, se retrouve sur l'ensemble du platier récifal de St-Gilles/La Saline. Elle est également reconnue pour sa résistance dans des milieux soumis à une forte sédimentation ou à des phénomènes d'eutrophisation (Tomascik & Sander, 1987). On peut imaginer que la disparition progressive des Acropora branchus sur le platier de La Saline a permis à cette espèce ubiquiste de conquérir ce milieu dystrophique.

Pour les espèces ichtyologiques, les plus représentatives de la classe 2 sont : *Rhinecanthus aculeatus, Chaetodon lunula, Chaetodon melannotus, Acanthurus triostegus et Naso unicornis*. L'espèce qui caractérise le plus "l'unité bioconstruite perturbée" est *Rhinecanthus aculeates*, carnivore diurne, prédateur d'invertébrés vagiles ou sédentaires (Harmelin-Vivien, 1979). Cette faune est souvent associée aux algues (Naim, 1980) qui caractérisent cette classe. Il peut paraître surprenant de trouver des Chaetodontidae, les poissons-papillons étant souvent utilisés comme indicateurs de milieu sain. Néanmoins, cette famille est représentée par des espèces au régime alimentaire varié, allant des espèces corallivores stricts aux corallivores facultatifs (Harmelin-Vivien, 1979) qui peuvent ingérer une grande variété de nourriture, telle que des algues benthiques, du plancton ou des invertébrés benthiques (Harmelin-Vivien & Bouchon-Navaro, 1983). *C. lunula* est une espèce omnivore (Bouchon-Navaro, 1981) alors que *C. melannotus* se nourrit exclusivement d'alcyonaires (Harmelin-Vivien, 1979; Harmelin-Vivien & Bouchon-Navaro, 1981). Ce sont donc deux espèces qui ne dépendent pas directement d'une couverture corallienne vivante pour se nourrir. Enfin, *Acanthurus triostegus* et *Naso unicornis* sont les Acanthuridae les plus représentatifs de l'unité bioconstruite perturbée à La Réunion. Ce sont des herbivores stricts, broutant les algues en les sectionnant avec leurs dents coupantes sans ingérer le calcaire du substrat sous-jacent (Harmelin-Vivien, 1979). *Acanthurus triostegus* a un régime alimentaire composé d'algues filamenteuses et de fragments d'algues charnues macroscopiques, alors que *Naso unicornis* broute préférentiellement de grandes algues charnues (Harmelin-Vivien, 1979). Sur les stations du platier récifal perturbé de La Saline, les algues dressées charnues sont largement majoritaires alors que les algues filamenteuses (« turf ») se trouvent mieux réparties sur l'ensemble des stations de platier. Il est donc probable que la présence d'*Acanthurus triostegus* et de *Naso unicornis* soit liée à celle des algues charnues, à la base de leur alimentation. De plus, les Acanthuridae semblent se répartir sur le complexe récifal en fonction de leur préférence alimentaire : *Ctenochaetus striatus* (racleur de feutrage algal) et *Naso unicornis* à PA, *Acanthurus triostegus* à CM. Sur Toboggan, *Ctenochaetus striatus* est la seule espèce herbivore abondante. Cette répartition spatiale des espèces serait également une stratégie d'occupation maximale de l'espace afin de diminuer la compétition interspécifique pour la nourriture chez les Acanthuridae.

III.3.3. Quantification de la bioérosion par les Scaridae [A8, C1, R7].

L'eutrophisation, en favorisant le développement des peuplements algaux au détriment des peuplements coralliens, favorise les communautés d'herbivores, et principalement les oursins et les poissons-perroquets. Par leur mode d'alimentation, ces derniers vont racler les algues qui se développent sur les coraux morts et de ce fait, vont jouer un rôle important dans la bioérosion du récif. La bioérosion sur les récifs de la Réunion, et plus précisément le budget des carbonates (calcification, bioérosion externe), a été quantifiée à travers un programme national PNRCO (Programme National sur les Récifs Coralliens) dans lequel j'ai été impliquée en 1994, à travers la quantification de la bioérosion externe par les poissons-perroquets (*Scarus sordidus*) [A8, C1]. Les études ont été conduites sur la radiale en « bonne santé » (oligotrophe) de Trou d'eau, située au sud du récif de La Saline (Figure 39), sur trois biotopes : le platier externe, le platier interne et l'arrière-récif (Figure 41). L'échantillonnage a été effectué durant deux saisons (été, hiver).

L'érosion de la trame carbonatée de la structure récifale par les organismes brouteurs (bioérosion externe) représente l'essentiel de la bioérosion observée sur des substrats expérimentaux (Chazottes, 1994). Elle a été quantifiée sur les poissons à partir des estimations d'abondance des Scaridae et de l'activité alimentaire de l'espèce dominante *S. sordidus*. Les relevés ont été effectués sur trois transects fixes (50 x 2m) situés dans les trois biotopes, en notant pour les Scaridae, l'espèce, le nombre et la taille des individus (Petit $\leq$ 7 cm, 7 < Moyen < 20 cm, Grand $\geq$ 20 cm LT). Sur l'espèce dominante *Scarus sordidus,* des mesures concernant l'activité alimentaire ont été faites, en suivant, chaque heure de la journée, six individus de taille moyenne, et en notant le nombre de bouchées et de fèces observés (Polunin *et al.*, 1995). Une évaluation du $CaCO_3$ contenu dans le tube digestif plein (entre 10 et 15 H) a été réalisée sur une dizaine d'individus de taille moyenne qui ont été sacrifiés. Pour chaque individu, des mesures ont été effectuées sur le poisson (longueurs totale et standard, poids frais) et sur le tube digestif (poids calciné). La bioérosion est ensuite calculée selon une méthode qui comprend 4 étapes de calcul : 1) nombre total de bouchées ingérées par jour, 2) nombre total de bouchées nécessaires pour remplir le tube digestif, 3) poids moyen d'une bouchée en $CaCO_3$, 4) poids total de $CaCO_3$ qui a transité quotidiennement dans le tube digestif (C_T). En multipliant CT par l'abondance des Scaridae dans chacune des zones étudiées, on obtient une estimation de la bioérosion par jour [A8, C1]. Ces études ont mis en évidence :

- Les faibles densité et taille moyenne des Scaridae.

Le maximum d'individus (0,1 individu/m^2) a été recensé sur le platier interne. Les individus moyens sont en général les plus nombreux, les individus de grande taille exceptionnels. Il n'y a pas de différence significative observée entre l'été et l'hiver sur la taille et l'abondance des scares dans un biotope donné. Parmi les Scaridae observés, *S. sordidus* est l'espèce dominante, représentant 78% du nombre total d'individus comptés lors de l'échantillonnage.

- . Une activité alimentaire des *Scarus sordidus* accrue pendant l'été

Le nombre moyen de bouchées ingérées par jour est plus élevé en été qu'en hiver (23207 *vs* 18601 respectivement), ainsi que le nombre moyen de fèces émis par jour (735 *vs* 281 respectivement). L'augmentation de l'activité alimentaire au cours de l'été peut être la conséquence de l'allongement des journées. Une émission de fèces plus importante durant la saison chaude peut être expliquée par l'augmentation de la biomasse en algues (Naim, 1993).

- Une action bioérosive des *Scarus sordidus* plus forte en hiver qu'en été

Bien que le nombre moyen de bouchées soit plus élevé en été qu'en hiver, l'action bioérosive d'un scare est plus forte en hiver : 698 g *vs* 407 g en été de CaCO$_3$ qui a transité dans le tube digestif par saison et par individu en hiver, une bouchée contenant alors deux fois plus de calcaire qu'à la saison chaude (20,4 E-5 vs 9,7 E-5). Ces résultats peuvent s'expliquer par le fait que le poisson-perroquet ingère plus de calcaire lors de son alimentation durant l'hiver, la biomasse algale étant inférieure durant la saison fraîche (Naim, 1993). Sur une année, en prenant en compte le nombre total d'individus comptabilisés, la bioérosion globale causée par les Scaridae est la plus élevée sur le platier interne (135 g vs 57 g sur le platier externe et 37 g de CaCO$_3$/m^2 sur l'arrière-récif).

La bioérosion externe par les Scaridae reste cependant assez faible sur le récif de la Saline (moins de 0,2 kg CaCO$_3$/m^2/an). Pour avoir un ordre d'idée, elle a été estimée à 1,7 kg CaCO$_3$/m^2/an en Polynésie Française (Peyrot-Clausade *et al.*, 1995) et à 2,7 kg CaCO$_3$/m^2/an en Austalie (Kiene & Hutching, 1992). Nos résultats sont davantage comparables avec ceux obtenus dans les Caraïbes : 490 g CaCO$_3$/m^2/an (Ogden, 1977), valeur surestimée car la matière organique réfractaire avait été associée aux carbonates. Les valeurs de bioérosion peuvent être extrêmement variables selon l'endroit, la taille et les exigences alimentaires des espèces de Scaridae. Dans les Caraïbes par exemple, ces valeurs peuvent varier de 0,2 à 7 kg CaCO$_3$/m^2/an (Bellwood & Choat, 1990; Bruggemann, 1994). A Trou d'Eau, la faible bioérosion par les Scaridae est due à la faible abondance et taille des individus. La densité recensée à La Réunion est plus faible que celle reportée sur d'autres récifs indopacifiques (Bouchon-Navaro, 1983) ou Caraïbes (Ogden, 1977 ; Bruggemann, 1994), mais comparable aux zones non protégées de la pêche au Kenya (McClanahan *et al.*, 1994). La pêche intensive, voir le braconnage pratiqué régulièrement à La Réunion, est responsable de la faible représentativité des Scaridae sur les platiers récifaux.

En revanche, la bioérosion par les oursins y est très élevée (platier externe = 8,3 kg/m^2/an, platier interne = 2,9 kg, arrière-récif = 0,4 kg), résultat qui s'explique essentiellement par les fortes densités d'*Echinometra mathaei* relevées sur le platier [A8, C1]. La valeur obtenue sur le platier externe est l'une des plus élevées rapportées en milieu récifal. Au total, la bioérosion externe représente 2,3 tonnes de CaCO$_3$ qui sont transformées en sédiment par an sur la totalité de la radiale. La calcification a été quantifiée à 2,9 tonnes de CaCO$_3$ qui se déposent par an sur la radiale. La simple comparaison des chiffres obtenus pour la calcification nette et la bioérosion par les organismes brouteurs, suggère un équilibre du budget des carbonates au Trou d'Eau, permettant à la fois le maintien, sinon la croissance, de l'édifice récifal, et un engraissement conséquent de la plage [A8, C1, R7].

Sur Trou d'Eau, la biomasse algale est contrôlée par les oursins qui y ont une activité de broutage considérable. Cette forte densité d'oursins se retrouve à Toboggan, l'autre radiale oligotrophe du complexe récifale de St Gilles/La Saline. En revanche, les oursins E. mathaei sont pratiquement absents de Planch'Alizés, milieu eutrophe caractérisé par une biomasse algale importante, notamment en été (Conand *et al.*, 2002). Ces résultats suggèrent le rôle considérable joué par E. mathaei pour limiter le développement des algues sur les platiers réunionnais. Ce rôle est d'autant plus important dans le contexte de surpêche limitant la présence de nombreuses espèces de poissons, et notamment les populations d'herbivores. Les captures incontrôlées provoquent un déséquilibre à l'intérieur du peuplement ichtyologique qui entraînera celui de l'écosystème récifal et accentuera davantage les effets négatifs de l'eutrophisation sur les madréporaires.

Sur la côte Ouest de la Réunion, l'urbanisation intensive de la zone littorale a entraîné une augmentation du ruissellement et un enrichissement en sels nutritifs de la nappe phréatique, provoquant une eutrophisation du milieu récifal. Suite à cette perturbation chronique qui existe depuis de nombreuses années (> 20 ans), des changements profonds ont été observés dans les communautés benthiques, notamment au niveau du platier. Ces transformations de l'environnement benthique ont entraîné également des changements sur l'organisation structurale des peuplements ichtyologiques, et en particulier sur celle des jeunes poissons. L'impact de l'eutrophisation diminue de l'arrière-récif vers le front récifal. Sur la pente externe, les peuplements ichtyologiques montrent une grande homogénéité structurale et ne semblent pas touchés, malgré des différences observées dans les peuplements benthiques. En revanche, cette homogénéité ne se retrouve pas sur le platier de St Gilles/La Saline où deux communautés sont distinguées. La première est dominée par un peuplement très diversifié de coraux branchus (Acropora sp), associé à un peuplement ichtyologique diversifié, caractérisé par des Pomacentridae omnivores et des Chaetodontidae corallivores ; cette communauté est favorisée dans un milieu oligotrophe. La deuxième communauté, caractérisée par des Acanthuridae, herbivores, est dominée par des algues, avec une richesse et une diversité spécifiques faibles en coraux et en poissons ; elle se développe en milieu dystrophe. La différenciation de deux communautés, appartenant au même biotope et située sur un même complexe récifal, pourrait être expliquée par les sorties d'eaux souterraines qui se feraient, soit dans l'arrière-récif, soit sur la pente externe selon le secteur géographique considéré, ainsi que par le rôle clef joué par les herbivores, en particulier dans un contexte d'eutrophisation. Ce rôle serait essentiellement joué par les oursins, en raison de la faible représentativité et biomasse des poissons herbivores (notamment des Scaridae) à l'intérieur de l'écosystème récifal, conséquence probable d'une surpêche à l'intérieur des récifs réunionnais.

IV. Applications de mes recherches à la restauration, à la gestion et à la sensibilisation

Les perturbations, qu'elles soient naturelles ou anthropiques, produisent des dégradations plus ou moins réversibles sur les écosystèmes. Le développement des activités humaines, associé à une croissance démographique soutenue, sont les principales causes de dégradations des récifs coralliens. À La Réunion, la pression démographique (~270 hab./km² en 1997) génère des dégâts importants sur l'environnement, principalement en zones côtières où vit 80% de la population (Gabrié, 1998). La côte Ouest est l'unique endroit où l'on trouve des plages de sable blanc, liées à la présence des récifs coralliens, qui contrastent avec les plages de sable noir d'origine volcanique et les côtes rocheuses du reste de l'île. Même si son rôle protecteur contre les houles cycloniques est reconnu, le récif corallien n'est pas un enjeu vital à La Réunion, mais son rôle dans le secteur touristique est important. La fréquentation accrue des plages de sable blanc, par la population locale et les touristes ces dernières années, le prouve (environ 500 000 touristes en 2000, avec plus de 50% des nuitées totales sur la côte Ouest, Gabrié, 1998). La pêche y joue également un rôle socio-économique non négligeable. Les ressources halieutiques étant limitées par l'étroitesse du plateau continental, les récifs coralliens constituent des zones privilégiées pour la pêche artisanale. La surexploitation des récifs réunionnais, sensible depuis la fin des années 80, s'accentue encore de nos jours. Une réglementation interdit la pêche sur les platiers et la pente externe (<20 m), avec quelques dérogations données aux pêcheurs de « capucins » (*Mulloidichthys flavolineatus*). Néanmoins, la forte pression anthropique sur les récifs, associée au contexte social sensible (fort taux de chômage) ouvrent les portes au braconnage, fréquent, parfois même « toléré » par les autorités locales. Des mesures appropriées sont nécessaires pour gérer durablement les ressources et ralentir le rythme de destruction de l'environnement à défaut de l'enrayer. Parmi les outils d'aménagement et de gestion existant à La Réunion, on trouve :

• Le Schéma de Mise en Valeur de la Mer (SMVN) qui constitue un chapitre particulier du Schéma d'Aménagement Régional (SAR), définissant les orientations fondamentales en matière de protection, d'exploitation et d'aménagement du littoral. Il constitue un bon outil de gestion intégrée des zones côtières. Il précise les mesures de protection du milieu marin et peut prescrire, sur les espaces y attenants, des sujétions particulières nécessaires à la préservation des écosystèmes. Depuis 1995, les récifs coralliens sont officiellement reconnus comme zones sensibles dans le SMVM de La Réunion et font l'objet d'une protection forte.

• Le projet de Réserve Naturelle qui devait démarrer en 2004. Il pourrait pallier la surexploitation des récifs coralliens, en interdisant la pêche sur certaines zones du récif, permettant ainsi aux populations ichtyologiques exploitées de se régénérer avec le temps. Mais ce projet

« traîne », même si des études visant à établir un « point zéro » avant la mise en réserve ont déjà démarré en décembre 2004. En attendant, c'est un arrêté préfectoral qui réglemente la protection des récifs coralliens.

- La mise en place de l'Association Parc Marin de La Réunion (APMR) en 1997, qui a pour vocation de gérer l'espace naturel occupé par les récifs coralliens. Cette association est le fruit d'un partenariat entre l'Etat, la Région, le Département et les neuf communes attenantes aux récifs coralliens. L'APMR constitue notamment le point focal du réseau de surveillance Réunion, et depuis 2001, gère le « suivi récifs coralliens » COI/GCRMN (cf. I.6).

- Enfin la recherche est indispensable dans la mise en place de ces plans de gestion qui nécessitent, à la base, des connaissances fondamentales sur les récifs coralliens. Depuis 1970, ces recherches sont essentiellement conduites par le Laboratoire d'Ecologie Marine de l'Université de La Réunion (ECOMAR).

Dans le cadre de mes travaux, j'ai été impliquée à La Réunion dans plusieurs programmes de recherche, affichant avant tout des objectifs appliqués, afin de « réparer » ou minimiser les impacts générés par les perturbations naturelles et/ou anthropiques :

1. Restaurer un récif corallien dégradé par l'impact d'un cyclone (IV.1) ;

2. Réfléchir à un plan de gestion pour freiner la surexploitation des ressources associées au récif corallien (IV.2). Une meilleure compréhension de l'écologie des poissons est indispensable pour la mise en place d'une réglementation adaptée au contexte local ; cette réflexion s'est faite autour de la problématique du recrutement larvaire des poissons à La Réunion (IV.2.1). Une autre solution de gestion consiste à alléger la pression de pêche sur les milieux récifaux *via* l'installation de récifs artificiels hors zones récifales (IV.2.2).

3. Mettre en place des outils de sensibilisation, à travers l'utilisation d'outils interactifs pédagogiques pour informer le public de la vie associée au récif corallien (IV.3).

IV.1. Restauration des platiers récifaux

De la qualité de l'habitat corallien va dépendre la diversité des communautés qui y sont associées. À l'intérieur de celles-ci, les poissons utilisent cet habitat essentiellement en tant que refuge pour se protéger des prédateurs. Ces abris jouent un rôle particulièrement important au moment de l'installation des post-larves sur le récif, phase durant laquelle elles sont particulièrement vulnérables. Le succès du recrutement sera donc déterminé en partie par la qualité de l'habitat, un récif corallien "sain" favorisant les chances de survie des jeunes poissons [A2].

Pour pallier la dégradation des habitats coralliens, différentes techniques de réhabilitation ont été développées pour restaurer les milieux dégradés. Des études expérimentales ont été mises en place pour trouver des méthodes efficaces pour ce mode de gestion. Parmi celles-ci, certaines cherchent à améliorer la recolonisation corallienne en augmentant l'induction (le flux) des larves sur le substrat (Petersen & Tollrian, 2001 ; Heyward et al., 2002 ; Fukami et al., 2003), d'autres à transplanter directement des branches ou des colonies coralliennes dans le milieu dégradé (Birkeland et al., 1979; Auberson, 1982 ; Harriott & Fisk, 1988, Yap et al., 1992 ; Clark & Edwards, 1995 ; Bowden-Kerby, 1997 ; Smith & Hughes, 1999). Dans le premier cas, les techniques de restauration utilisent la reproduction sexuelle des coraux à travers un élevage d'œufs qui sont relâchés de manière contrôlée dans le milieu, lorsqu'ils se transforment en larves matures. Dans le deuxième cas, c'est la reproduction asexuée par bouturage qui est favorisée. C'est la deuxième technique qui a été appliquée à La Réunion sur le platier récifal de St Leu qui a subi de graves dommages après le passage du cyclone Firinga en janvier 1989, provoquant la destruction de l'habitat pour toute une partie de la faune récifale, et particulièrement les peuplements ichtyologiques.

En 1992, la régénération naturelle de ce platier était encore extrêmement lente (Naim et al., 1997) et les premières tentatives de bouturage corallien ont été initiées par O. Naim. C'est dans ce contexte que se sont succédés, à partir de 1996, deux programmes de restauration du milieu récifal : " Recréer la Nature" (1996-2000) et " PPF-mer " (1998-2000) dont l'objectif principal était d'augmenter les abris pour la faune associée aux récifs coralliens, abris devenus rares sur certains sites. La responsabilité de ces programmes a été partagée entre O. Naim pour la partie coraux et moi-même pour les poissons. Les tentatives de restauration sur le terrain se sont déroulées en deux phases :

1) 1997-1999 : implantation de transplants coralliens associés à leur faune ichtyologique (IV.1.1) ;

2) 1999-2000 : installation de dispositifs de concentration de faune (DCF) (IV.1.2).

Trois sites ont été choisis pour mener les expériences de restauration, un site témoin sur le platier récifal de la Saline (SAL) peu touché par le cyclone, et deux sites expérimentaux en voie de régénération sur le platier récifal de Saint-Leu, l'un sous influence océanique (SLO) et l'autre sous influence terrigène (SLT). Le site sous influence terrigène est subdivisé en 2 zones : une zone test ayant subi des modifications structurales en 1992 sur les colonies coralliennes dégradées (SLT-M) et une zone témoin non modifiée (SLT-NM) (Naim *et al.*, 1997) (Figure 28).

Durant la première phase, les transplants coralliens associés à leur faune ichtyologique ont été installés sur 4 zones (SAL, SLT-M, SLT-NM et SLO). Durant la deuxième phase, les DCF ont été positionnés dans les mêmes zones (SAL, SLT et SLO), mais nous n'avons plus différencié SLT-M et SLT-NM, car elles étaient devenues, en 1999, relativement homogènes. En parallèle, un échantillonnage des communautés récifales a été réalisé à l'échelle de l'écosystème, à La Saline et à St Leu, afin de suivre l'évolution naturelle de ces communautés au cours du temps.

IV.1.1. Réalisation de transplants coralliens associés à leur faune ichtyologique

L'installation des juvéniles sur le récif constitue une phase importante pour le devenir des communautés ichtyologiques. Pour les populations de *Dascyllus aruanus* (Pomacentridae), les post-larves se rencontrent préférentiellement dans des coraux branchus vivants et coloniseraient préférentiellement les coraux habités par des adultes de la même espèce, les adultes ayant un rôle attracteur (phéromones) et protecteur sur les post-larves et juvéniles (Sweatman, 1983). Après Firinga, *D. aruanus*, espèce commune sur le platier de St Leu, avait pratiquement disparu suite à la mortalité massive des colonies d'*Acropora* auxquelles elle était associée. Partant de ces observations, une réintroduction de juvéniles et adultes de *D. aruanus* associés aux colonies vivantes de Madrépores branchus (*Acropora muricata*[4]) a été tentée dans un milieu dégradé. L'objectif de cette réintroduction était d'une part, de recréer des abris potentiels pour ces poissons étroitement associés aux coraux vivants et d'autre part, d'installer de nouveaux *Dascyllus* susceptibles d'attirer et de protéger les recrues qui colonisent le récif lors des phases de recrutement.

Les colonies coralliennes ont toutes été prélevées sur le site témoin de La Saline (SAL). Des colonies de taille réduite (diamètre entre 30 et 40 cm) abritant des *Dascyllus aruanus* de taille variable (LT > 5 cm, 3-5 cm ou < 3 cm) ont été privilégiées. Dix colonies ont été transplantées, entre mars et mai 1997, dans chaque zone (SAL, SLO, SLT-NM, SLT-M). Les différentes étapes de la transplantation sont représentées sur la Figure 46.

---

[4] *Acropora muricata* est le nouveau nom d'*Acropora formosa*, anciennement appelé *A. pharaonis* (révision de Wallace, 1999)

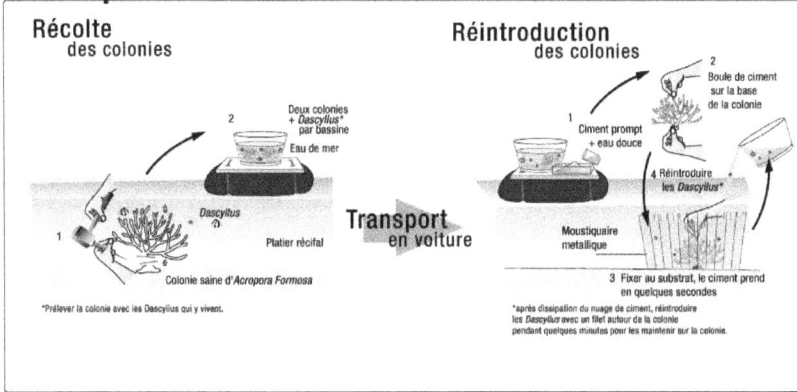

Transplantation de colonies coralliennes

Récolte
des colonies

Réintroduction
des colonies

Figure 46 - Protocole pour la transplantation de colonies coralliennes et leurs poissons associés [R14].

Les colonies transplantées ont été suivies en comptant et en estimant la taille des *D. aruanus* ainsi que celle des autres espèces ichtyologiques se trouvant à l'intérieur des colonies. À l'instant J_0 (fin du transfert et colonies coralliennes scellées), il restait 73 des 90 poissons comptabilisés au départ (mortalité et fuite des poissons). Un mois après la transplantation, seulement 23,3% des poissons transplantés sont restés dans leur colonie. Cette diminution s'observe surtout au jour J+1 et elle est beaucoup plus forte à Saint-Leu que sur le site de contrôle. Un mois après la transplantation, seulement 11,3% des poissons restent dans les colonies coralliennes transplantées à Saint-Leu contre 55% dans le site de contrôle (Figure 47).

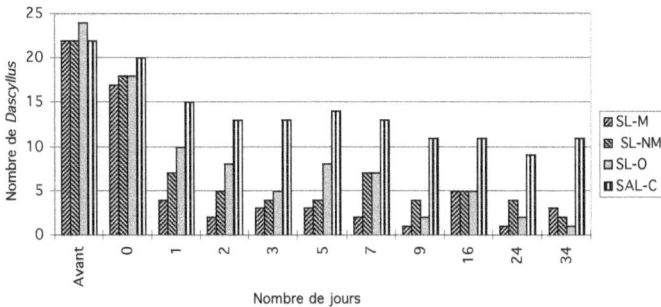

Figure 47 - Evolution de l'abondance des *D. aruanus* dans les colonies coralliennes 1 mois après la transplantation (avril-mai 1997). SAL-C : La Saline contrôle, SL : Saint Leu (M : zone modifiée, NM : zone non modifiée, O : zone océanique) [R8].

Un an après la transplantation, la diminution de l'abondance des poissons à l'intérieur des colonies coralliennes transplantées continue à s'observer à Saint-Leu (94,3 %) alors qu'une augmentation de 20% par rapport à l'abondance initiale (J0) s'observe sur le site de contrôle (Figure 48).

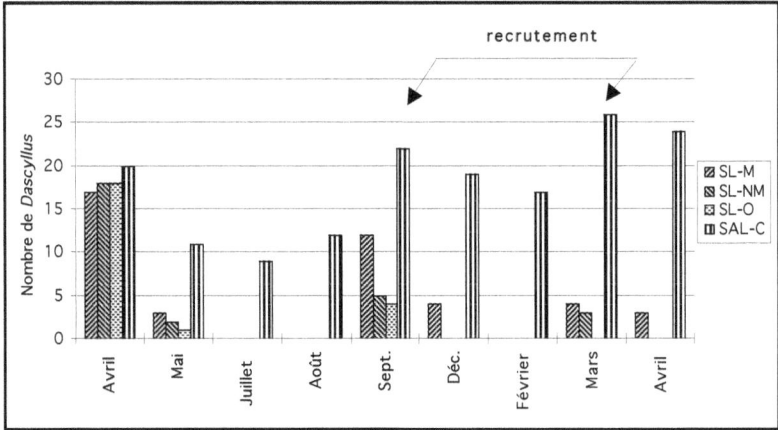

Figure 48 - Evolution de l'abondance des *D. aruanus* dans les colonies coralliennes au cours de la première année (1997-1998). SAL-C : La Saline contrôle, SL : St Leu (M : zone modifiée, NM : zone non modifiée, O : zone océanique) [R8].

L'augmentation des *D. aruanus* à l'intérieur des colonies transplantées est due à l'arrivée de nouvelles recrues (< 3 cm), observée aussi bien sur le site expérimental (SL) que sur le site témoin (SAL). Néanmoins, le taux de survie est beaucoup plus faible à SL qu'à SAL. Ces résultats peuvent être expliqués par différents facteurs : une structure de l'habitat plus favorable pour les *D. aruanus* sur le site témoin, une compétition intraspécifique et/ou interspécifique plus forte sur le site expérimental suite à une limitation des ressources et à la destruction de l'habitat [A6, R8].

Les transplantations de coraux se sont parfaitement déroulées ; cependant, après une année, ils ont été en grande partie détruits par les activités anthropiques. Quant aux poissons associés aux transplants, leur nombre a augmenté sur le site témoin, alors qu'il a diminué sur le site expérimental... et notre but était avant tout de restaurer le site expérimental ! Suite à la destruction quasi générale des transplants et la diminution des poissons observée sur le site expérimental, nous avons tenté une autre technique de restauration au cours de la seconde phase du programme.

IV.1.2. Installation de Dispositifs de Concentration de Faune (DCF)

Durant la deuxième phase du programme (1999-2000), la restauration de la structure récifale vivante a été privilégiée, en laissant ensuite les poissons (Pomacentridae) se réinstaller de manière naturelle sur le récif. Cette restauration s'est faite avec des structures artificielles ou DCF (Dispositif de Concentration de Faune) sur lesquelles ont été fixés des transplants d'*Acropora muricata* pour qu'à moyen terme, une trame corallienne vivante les recouvre.

Les DCF ont été réalisés en béton fibre, en suivant le modèle « reefball » utilisé aux caraïbes (http//www.reefball.com/french.htm) et en l'adaptant aux platiers reunionnais. Chaque structure a la forme d'un bol retourné de 90 cm diamètre et 60 cm de hauteur, percé d'ouvertures arrondies. Des transplants d'*Acropora muricata* de taille centimétrique ont été fixés à l'aide de ciment prompt sur les DCF (Figure 49).

Figure 49 - Dispositif de Concentration de Faune (DCF) avec des transplants coralliens collés à la surface.

La mise en place des DCF, en novembre 1999, a pu se dérouler dans de bonnes conditions grâce à la collaboration du Laboratoire des Sciences de la Terre de l'Université de La Réunion (LSTUR) et de l'APMR (Association Parc Marin de La Réunion). Chaque structure pesant plus d'une tonne, un système permettant leur mise à l'eau a été mis au point par E. Delcher (ingénieur, LSTUR) (Figure 50).

Montage
et caractéristiques du portique et de la barge

Cornière soudée
sur le tube galva carré
40mm Ø 3mm d'épaisseur

Palan coulissant sur rail

Vis de blocage

Portique de levage
des structures
artificielles

Tubes galva 40 mm a
1,5 mm d'épaisseur

Chambres à air
de camion attachées
au cadre de la barge

rallonges de chargement/déchargement
réglables

Barge démontable
en tube galva

Chargement
des structures artificielles

2 - Faire coulisser à l'intérieur de la benne

3 - Faire coulisser la planche à roulettes
à l'intérieur de la benne

1 - Lever la structure
avec le treuil à bras

Planche à roulette
pour poser la structure artificielle

Déchargement
des structures artificielles

1 - Faire coulisser
le portique et la planche à roulettes

2 - Lever la structure

3 - Faire coulisser à l'extérieur de la benne

plage

4 - descendre la structure
avec le treuil à bras

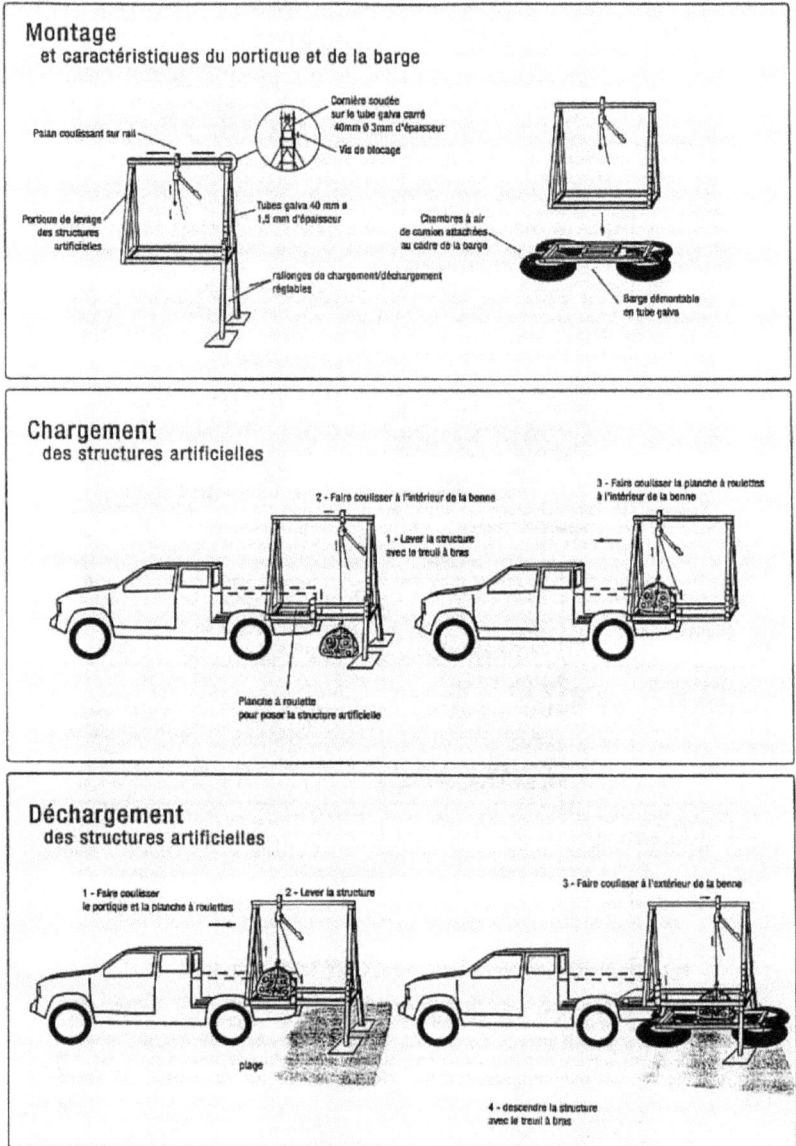

Figure 50 - Système mis au point pour la mise à l'eau des DCF (illustrations D. Caron).

Deux DCF ont été installés par site (SAL, SLO, SLT). L'échantillonnage a été effectué à différentes échelles spatiales : sur une Grande Zone de 10 x 10 m autour du DCF (GZ, 100 m^2), sur une Petite Zone de 5 x 5 m (PZ, 25 m^2), puis sur le DCF lui-même. L'analyse a été également réalisée sur différentes échelles temporelles : cycle nycthéméral, suivis hebdomadaire et mensuel durant 6 mois (novembre 1999 à avril 2000). Les peuplements fixés (coraux et algues) et sédentaires (oursins, mollusques, crustacés, poisson territorial *Stegastes sp)* ont été étudiés sur les DCF et dans PZ, les peuplements ichtyologiques, plus mobiles, dans PZ (incluant les DCF) et GZ. Pour ces derniers, le nombre d'individus par espèce a été comptabilisé par des observations visuelles en plongée.

La transplantation de branches coralliennes à la surface des DCF a été totalement réussie, le taux de mortalité des transplants étant nul le premier mois. Puis les transplants ont commencé à disparaître, pour différentes raisons : impact de l'homme (casse), impact des bioérodeurs (oursins, poissons perroquets) ou envahissement par les algues filamenteuses. Au bout des 6 mois d'expérimentation, sur le site témoin, le taux de mortalité a été le plus faible (60%) par rapport au site expérimental (SLO : 100% et SLT : 75%).

L'impact des DCF sur *les organismes fixés* (coraux, algues) est difficile à appréhender sur les 6 mois de suivi, le substrat en béton du DCF étant encore impropre à leur colonisation. Néanmoins, le DCF a constitué un support expérimental très intéressant pour des observations *d'organismes sédentaires* isolés (ex : *Stegastes)* et/ou des observations de relations entre individus, qu'ils appartiennent ou non à la même espèce. Si par exemple, un adulte et un juvénile *Stegastes nigricans* s'installent simultanément sur le DCF, le juvénile sera chassé dans les quelques jours suivants. Pour les *organismes mobiles* (poissons), deux tendances principales se dégagent : 1) une relative stabilité des populations au cours des six mois d'observation, 2) une augmentation ponctuelle du nombre d'individus lors du recrutement (janvier-février 2000). Ces tendances sont constatées sur les différentes échelles d'observation : 25 m^2 (5 x 5 m, PZ), 100 m^2 (10 x 10 m, GZ) et 200 m^2 (50 x 4 m, échelle représentative du site). Cependant ces tendances ne reflètent pas obligatoirement les mêmes phénomènes. Par exemple, dans PZ, l'augmentation de l'abondance est due essentiellement à l'arrivée de nouveaux individus essentiellement adultes, alors que sur 100 m^2 ou 200 m^2, elle est due aux nouvelles recrues. Plus de 96% des post-larves disparaîtront dans les deux mois qui suivent leur installation. À l'intérieur de PZ, la densité des poissons est significativement supérieure à celle de GZ, résultat qui viendrait en grande partie de la présence même du DCF (PZ), installé dans une zone sableuse à faible complexité architecturale (GZ). Il reste à savoir si l'augmentation des individus et des espèces autour des DCF provient d'une réelle augmentation du peuplement ichtyologique ou alors d'un simple déplacement des populations vers les DCF.

À l'échelle du site, les communautés récifales sont restés relativement stables sur le site témoin (SAL) au cours des quatre années du programme « restauration » (phases 1 et 2). En revanche, sur le site expérimental de Saint-Leu (SL), très perturbé par l'impact du cyclone en 1989, les peuplements coralliens occupent progressivement et naturellement l'espace occupé il y a dix ans par les algues, résultat lié essentiellement à l'excellente qualité des eaux récifales et à l'absence d'évènement cyclonique majeur [C3, R12].

Suite à la dégradation anthropique des transplants, des colonies coralliennes entières ont été transplantées sur la surface des DCF à partir de 2001 (Figure 51). Je n'ai plus fais partie de ce programme de restauration, mais mon histoire se continue sur d'autres structures artificielles posées à 15 m de profondeur en Baie de St Paul (thèse E. Tessier) (cf. IV.2.2).

Figure 51 - Colonies branchues et massives fixées à la surface des Dispositifs de Concentration de Faune (DCF) en 2001, à l'intérieur des récifs frangeants (St Leu, La Saline).

La technique de transplantation de branches et/ou colonies coralliennes est parfaitement maîtrisée et peut-être utile pour restaurer à petite échelle un habitat dégradé et attirer ainsi, de manière naturelle, les poissons. Néanmoins, les efforts déployés durant les expériences de restauration semblent relativement vains, alors qu'en l'absence de perturbations majeures, l'écosystème récifal se régénère naturellement. Plutôt que de restaurer, il est essentiel de préserver et de prendre des mesures en amont pour éviter que les dégâts, occasionnés par exemple par des cyclones, soient trop importants. Dans le cas de La Réunion et du récif de St Leu, il faut avant tout dévier les bouches d'évacuation des eaux pluviales qui se déversent directement sur le récif.

Dans le futur, si des expériences de restauration sont retentées, il serait souhaitable de choisir des sites plus isolés, dans des zones plus difficiles d'accès (pente externe, récifs peu fréquentés) et/ou de sceller directement des colonies coralliennes déjà formées et plus robustes à la surface du DCF, afin de limiter leur casse dans un environnement soumis à une très forte pression anthropique. Des expériences de bouturage, à petite échelle, peuvent être aussi intéressantes dans une optique de gestion (ex. aires marines protégées), sur des zones ouvertes au tourisme (ex. sentier sous-marin). Ces expériences auraient essentiellement une vocation pédagogique... une manière de rapprocher sensibilisation et réhabilitation !

IV.2. Gestion des récifs coralliens

À La Réunion, la surfréquentation et la surpêche observées dans les milieux coralliens, imposent des mesures de gestion pour tenter de les préserver. Cette préservation a pour but de conserver leur biodiversité à la base de l'équilibre de l'écosystème récifal, d'assurer la pérennité des ressources alimentaires, mais aussi des ressources économiques liées au tourisme. Les aires marines protégées (AMP) sont une des solutions de gestion les plus efficaces, lorsque la réglementation est bien respectée. Mais la gestion raisonnée des ressources halieutiques inféodées à l'écosystème récifal passe aussi par :

1. L'élaboration d'une réglementation en matière de pêche adaptée au contexte local, ce qui implique des connaissances suffisantes sur la biologie et l'écologie des poissons récifaux, et en priorité sur celles des populations fortement exploitées. Dans l'état actuel de nos connaissances, certains domaines de recherche restent encore à explorer, notamment ceux qui pourraient apporter des informations sur la phase larvaire pélagique, nécessaire pour la majorité des poissons récifaux (IV.2.1).

2. Le déplacement de la pression de pêche du milieu récifal vers des zones adjacentes non récifales aménagées. Dans cet objectif, des zones sableuses peu propices à l'installation des poissons récifaux, peuvent être aménagées *via* la mise en place de structures artificielles. Des expériences sont en cours (thèse de E. Tessier) pour tester la pertinence de ce type de gestion (IV.2.2).

IV.2.1. Recrutement des poissons récifaux à La Réunion, phénomène local ou régional ?
[A13, A15, B7, R18, R24, R28, R32].

La majorité des poissons récifaux a un cycle de vie complexe avec une phase larvaire en milieu pélagique (*phase de dispersion*), à l'issue de laquelle des larves retournent vers le récif (recrutement larvaire) pour y continuer leur développement en juvéniles, puis en adultes adaptés à un milieu benthique (Figure 23). Cette phase pélagique est encore mal connue, pourtant elle est déterminante pour appréhender les connectivités possibles entre les populations des îles d'une même région. Sur une île océanique relativement isolée comme La Réunion, savoir si le recrutement des populations est autochtone ou allochtone est essentiel dans la mise en place d'une réglementation adaptée à une gestion durable des ressources. En effet, si le recrutement des populations est essentiellement autochtone (autorecrutement), il devient d'autant plus impératif de protéger les populations locales. En revanche, si le recrutement est allochtone (recrutement régional), avec des échanges de flux larvaires entre les populations des différentes îles, il est nécessaire de mettre en place une réglementation qui implique l'ensemble des pays de la zone géographique concernée. C'est autour de cette problématique qu'a été initiée la thèse de K. Pothin (directions : R. Leconte CNRS, Université de Perpignan et moi-même) soutenue en avril 2005.

La phase dispersive est analysée *via* l'étude des otolithes. Outre sa fonction biologique d'audition et d'équilibration du poisson, l'otolithe possède des marques pérennes qui permettent de déterminer l'âge du poisson, accumule les éléments chimiques contenus dans l'eau de mer et la nourriture, et enregistre les moindres variations environnementales. Ces propriétés particulières sont utilisées pour retracer la phase dispersive des larves en partant des hypothèses suivantes :

• Plus une larve a une durée de vie larvaire (DVL) longue, plus elle est susceptible de parcourir de grandes distances (possibilité d'un recrutement allochtone). L'otolithométrie permet de reconstituer le déroulement des grandes étapes de la vie des poissons à partir de la lecture des marques de croissance (date de ponte, date d'éclosion, début de la phase benthique), et ainsi d'en déduire la DVL.

• Plus une larve reste près de son île natale, plus sa taille à la colonisation est grande (Swearer *et al.*, 1999). Cette hypothèse est basée sur le principe que la teneur en éléments nutritifs diminue au fur et à mesure que l'on s'éloigne d'un milieu insulaire ou continental vers le milieu océanique, et que la croissance de la larve est conditionnée par les ressources alimentaires qu'elle trouve dans le milieu (Heywood *et al.*, 1990 ; Rissik *et al.*, 1997). La croissance journalière de la larve est calculée à partir de la DVL et données morphométriques du poisson et de l'otolithe, une relation existant entre la taille du poisson et celle de l'otolithe (Bagenal & Tesh, 1978).

• Il existe des différences en éléments-traces entre le centre du nucleus (début de la vie larvaire) et la marque d'installation (début de la vie benthique), si la larve se développe en milieu océanique (possibilité d'un recrutement allochtone) (Fowler *et al.*, 1995). À partir de repères donnés par les marques de croissance, on peut connaître la signature du milieu via des microanalyses chimiques d'éléments-traces (Na, Sr, N, Cl, Mg, Fe, Cd, Ca...) (Campana, 1999).

Dans le cadre de cette étude, trois méthodes complémentaires sont utilisées sur lesotolithes : l'otolithométrie (estimation de l'âge à partir des marques de croissance) pour retracer le passé larvaire, les analyses microchimique pour retracer l'environnement traversé par les larves, et la forme des otolithes pour discriminer des lots d'individus, appartenant à la même espèce mais ayant vécu dans des environnements différents. La connectivité entre les populations de La Réunion et celles des autres îles de l'Océan Indien est discutée en prenant en compte le contexte géographique et hydrodynamique de la zone SO de l'Océan Indien, puis le contexte hydrodynamique local autour de La Réunion. Ces éléments sont indispensables pour évaluer les possibilités de dispersion des larves durant leur phase pélagique.

➢ Quatre espèces ichtyologiques ont été choisies, essentiellement pour l'intérêt qu'elles présentent pour les pêcheries locales : *Epinephleus merra* (Serranidae), *Mulloidichthys flavolineatus* (Mullidae), *Gnathodentex aurolineatus* (Lethrinidae) et *Lutjanus kasmira* (Lutjanidae). Elles ont été échantillonnées sur différents sites de La Réunion ; des échantillons en provenance de Maurice se sont ajoutés pour *M. flavolineatus*.

- Les individus juvéniles d'*Epinephelus merra* (« macabit » en créole) ont été échantillonnés lors du recrutement massif de 2002, suite au passage du cyclone Harry près des côtes réunionnaises (cf. III.2.2.). L'analyse des otolithes montre que les mesures morphométriques discriminent les lots d'individus récoltés sur deux sites différents (St Leu, St Paul), alors qu'aucune différence significative n'a été trouvée entre les lots à partir des paramètres de vie larvaire (DVL = 30,0 ± 3,5 j, croissance larvaire ~1 mm.j^{-1}, taille à l'installation ~ 30 mm). Les individus récoltés sont donc nés à la même époque (~31 janvier 2002 ; Figure 52). Les différences observées sur la forme des otolithes peuvent provenir des géniteurs qui ne seraient pas les mêmes dans les deux lots récoltés, et/ou de l'environnement traversé par les larves différents dans chacun des lots [A15, R18]. L'homogénéité à l'intérieur de chaque lot d'individus (DVL, morphométrie des otolithes) montre que les larves sont restées regroupées jusqu'à la colonisation, et ce malgré les conditions cycloniques ; ce point souligne les capacités de nage assez remarquables des larves. Les analyses microchimiques des éléments-traces sur les otolithes (*nucleus*, bord de l'otolithe) ne montrent pas de différence entre le début de la phase larvaire et l'installation.

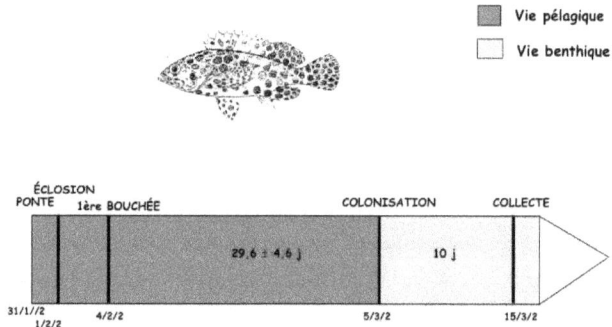

Figure 52 – Vie larvaire *d'Epinephelus merra*, retracée à partir de la lecture des stries de croissance de l'otolithe [R18].

- Pour *Mulloidichthys flavolineatus* (« capucin »), trois lots d'individus ont été collectés, deux à La Réunion (St Leu, Etang-Salé), et un à l'île Maurice (Pointes-aux-Roches). Une analyse, effectuée à partir des formes des otolithes, a permis de discriminer les trois groupes d'individus, montrant l'origine différente de ces lots [A13]. De plus, la microchimie élémentaire effectuée sur les otolithes n'a pas montré de différence significative entre le début de la phase larvaire et l'installation. Des difficultés se sont présentées lors de la lecture des marques de croissance, rendant impossible le « décryptage » de la vie larvaire. Cependant, même si le passé larvaire n'a pu être retracé, l'analyse microchimique des éléments-traces, a permis de différencier le lot de l'Etang-Salé (Réunion) des deux autres (St Leu et Pointe-aux-Roches) à partir du Mg. Ce résultat peut s'expliquer par le lien entre le comportement alimentaire fouisseur de l'espèce, qui cherche sa nourriture dans le sable, et la composition du sable sur les sites étudiés. À l'Etang-Salé, il est d'origine volcanique et d'origine corallienne sur les deux autres sites. Des analyses ont montré que le sable volcanique est plus riche en Mg que le sable corallien, élément discriminateur entre les lots récoltés. Les individus ont donc non seulement gardé l'empreinte du milieu dans leurs otolithes, mais aussi concentré cette empreinte *via* leur mode d'alimentation [A24].

- Enfin, pour les deux dernières espèces analysées, *Gnathodentex aureolineatus* (« carandine ») et *Lutjanus kasmira* (« ti-jaune »), récoltées sur les récifs artificiels de la Baie de St-Paul, l'analyse de la composition chimique des otolithes (*nucleus*, bord de l'otolithe) ne montre pas de différence entre le début de la phase larvaire et l'installation. *G. aurolineatus* et *L. kasmira* ont des DVL comprises entre 40 j et 45 j, et une croissance larvaire moyenne de 1 mm.j^{-1} (1,1 mm.j^{-1} et 0,9 mm.j^{-1} respectivement) [B7, R28].

> Le contexte hydrodynamique est essentiel pour appréhender le potentiel dispersif des larves. Dans la région SO de l'Océan Indien, la circulation générale des eaux est relativement bien connue (Figure 22). Le moteur principal de déplacement des masses océaniques est le Courant Sud Equatorial (CSE) qui circule d'Est en Ouest. De par sa position géographique, La Réunion est une île océanique relativement isolée des autres îles coralliennes de l'Archipel des Mascareignes, situées à l'Est : Maurice, l'île la plus proche est à 230 km et Rodrigues, la plus éloignée, à 830 km. Cet archipel s'inscrit dans un ensemble régional plus vaste, composé par Madagascar à l'Ouest (730 km), l'Archipel des Comores au Nord-Ouest (1 500 km) et des Seychelles au Nord (2 500 km) (Figure 22). Dans des conditions normales, la direction du CSE favorise le trajet des larves venant de Maurice ou de Rodrigues, mais rend difficile un flux éventuel de larves venant de Madagascar. En prenant en compte les distances entre les îles et les vitesses moyennes des courants en été (Lutjeharms *et al.*, 1981), période durant laquelle ont été récoltés les individus analysées durant cette étude, il faut en moyenne, pour une larve passive, 10 jours pour parcourir la distance Maurice-Réunion et 35 jours pour parcourir celle entre Rodrigues et La Réunion. Dans un contexte hydrodynamique plus localisé autour de l'île, l'« effet d'île » a été démontré par Taquet (2004). Cet effet suppose un maintien des larves planctoniques près des sites récifaux où elles sont nées (Dufour, 1992). Des bouées, mises au large de Maurice, ont dérivé en suivant le CSE, avec une direction Est-Ouest, les faisant passer au large des côtes Nord de La Réunion. En revanche, une bouée, mise à l'eau à 15 miles des côtes Ouest de La Réunion, se met à « zigzaguer » en restant dans le « cône de rétention » crée par l'effet d'île (Taquet, 2004). Les larves peuvent donc se trouver piégées par cette « poche de rétention » autour de la côte Ouest de La Réunion, là où sont situés les récifs coralliens.

De manière générale, la DVL des espèces étant relativement élevée (entre 30 et 40 j), elle leur confère la capacité de conquérir les distances séparant La Réunion, de Maurice, Rodrigues, et même Madagascar, et d'établir des connectivités entre les populations de ces îles. Néanmoins, dans un contexte hydrodynamique normal (CSE), la connectivité se ferait dans le sens du CSE, c'est-à-dire de Maurice-Rodrigues vers La Réunion. La probabilité pour les larves de lutter contre les courants pour aller d'Ouest en Est, même si leur capacité de nage est reconnue, est faible, sauf conditions exceptionnelles (ex. cyclones). De plus, en associant différents facteurs : géographique (isolement), hydrodynamique (« effet d'île » particulièrement actif au niveau de la côte Ouest), biologique (faible flux larvaire ; Durville, 2002) avec les résultats de cette étude (otolithométrie : croissance larvaire élevée, grande taille à l'installation, et microchimie), l'hypothèse d'un auto-recrutement est favorisée pour nos quatre espèces. Ainsi, une longue DVL, associée aux capacités de nage reconnue des larves, n'exclurait pas forcément un recrutement local (Fisher, 2005).

Néanmoins, certains points restent à éclaircir. En effet, l'absence de différence en éléments-traces entre le début de la vie du poisson et son installation ne veut pas dire pour autant qu'il est revenu sur son lieu d'origine (Campana, 1999). L'île Maurice et La Réunion, nées du même point chaud, ont un substrat volcanique identique et les eaux entourant ces deux îles n'ont peut-être pas de différence significative d'un point de vie physico-chimique. De ce fait, si une larve née à Maurice, traverse le milieu océanique, arrive à La Réunion et retrouve un environnement physico-chimique identique à celui de Maurice, aucune différence ne sera décelable entre le *nucleus* et les stries de croissance post-installation de l'otolithe. En revanche, Madagascar dont l'origine est continentale, aura des eaux côtières avec une empreinte en éléments-traces différente de celle des îles volcaniques océaniques, notamment pour Si, Al, Sr, Ca, Mg, Ru (Bachelery, com. pers.). Néanmoins, La Réunion dont l'origine volcanique est récente (<3 ma), possède des bassins versants plus accentués par rapport aux autres îles des Mascareignes, plus âgées, donc plus érodées. Dans ce contexte, les récifs coralliens réunionnais frangeants, et donc attenants à la côte (500 m de distance au plus entre la plage et la barrière récifale), devraient conserver une certaine empreinte des bassins versants (*via* le ruissellement) dans les eaux récifales, où vivent et se reproduisent les poissons récifaux. Cette empreinte devrait ainsi se retrouver dans leurs otolithes. Des valeurs exceptionnellement basses du $\delta^{13}C$ (marqueur trophique) ont été trouvées dans des analyses isotopiques effectuées sur les otolithes d'*E. merra* récoltés à St Leu par rapport à ceux de St Paul [R32]. Ces variations peuvent indiquer une différence d'alimentation ou un changement de milieu, notamment le passage eau douce/eau salée (Peterson & Fry, 1987 ; Schwarcz *et al.*, 1998). Une variation de salinité peut être provoquée par les eaux de ruissellement se déversant dans le milieu *via* les ravines suite aux pluies diluviennes générées par le passage d'un cyclone (cf. III.2.2.), conditions qu'on retrouve à St Leu sur la zone d'arrière-récif, mais pas au large de la Baie de St Paul.

Il serait donc intéressant à l'avenir d'établir une carte régionale de la microchimie des eaux de surface et sub-surface (entre 0 et 20 m), avec des relevés stratifiés selon un gradient côte-large. Ces relevés, rapprochés près des côtes, seraient plus espacés vers le large, les paramètres physico-chimiques du milieu océanique devenant alors plus constants. Cette carte permettrait de mieux relier le parcours de la larve à la microchimie de ses otolithes. Pour une analyse plus fine, l'utilisation d'un microscope de type laser à ablation couplée à un spectromètre de masse (LA-ICPMS) permettrait de retracer de manière plus précise l'évolution de la composition chimique des otolithes tout au long de la vie des poissons. Enfin, une étude de courantologie détaillée aux abords des sites d'échantillonnage permettrait de modéliser les trajectoires des larves et leurs possibilités dispersives en fonction de l'hydrodynamisme du milieu.

> *Les résultats de cette étude, associés au contexte géographique et hydrodynamique régional, vont dans le sens d'un autorecrutement pour les populations étudiées. Même si ces résultats ont été obtenus sur une seule période et sur quelques espèces, ils montrent néanmoins la vulnérabilité des stocks de poissons récifaux et sont à prendre en compte dans la gestion des ressources halieutiques des récifs réunionnais. Des études répétées dans le temps sur une espèce cible (ex. M. flavolineatus, soumise à une très forte pression halieutique), ainsi que l'élaboration d'une carte régionale SO Océan Indien (Madagascar, Maurice, Rodrigues et La Réunion) sur la microchimie des eaux côtières et océaniques, sont nécessaires pour valider l'hypothèse d'autorecrutement. Des études ultérieures sur d'autres espèces de poissons seraient également utiles pour avoir une image la plus complète possible du contexte dispersif des populations de poissons associées aux récifs coralliens de La Réunion.*

IV.2.2. Récifs artificiels : outils pertinents de gestion des ressources exploitées à la Réunion ?

Les pressions anthropiques croissantes sur les milieux coralliens ont entraîné des modifications de la richesse spécifique, des effectifs et de la structure trophique des peuplements ichtyologiques (Letourneur, 1992) [A2, A3, A4, A7]. Ces changements sont générés essentiellement par la dégradation de l'habitat corallien, mais aussi par une surpêche sur les récifs frangeants. Depuis le début des années 1980, les ressources démersales côtières de l'île de La Réunion sont considérées comme surexploitées. Malgré l'essor de la pêche hauturière (thons, espadons) et la mise en place de DCP au large de l'île dans les années 1990, la pression de pêche sur les ressources côtières récifales n'a pas diminué. La surexploitation des ressources entraîne une diminution de la biomasse des reproducteurs (« growth overfishing »). Mais cette surpêche a indirectement une deuxième conséquence. Comme le nombre d'œufs, est directement lié à la biomasse adulte, la diminution de la taille moyenne et de l'abondance des reproducteurs aboutissent à une forte réduction de la production de larves. Si une population surexploitée ne produit pas assez de larves pour se renouveler, cette situation peut compromettre la viabilité des populations (« recruitment overfishing »). Cette situation serait d'autant plus inquiétante à La Réunion où le flux larvaire est faible (Durville, 2002) et l'hypothèse d'un autorecrutement favorisée (Pothin, 2002).

À la fin des années 90, les pêcheurs ont développé des récifs artificiels côtiers pour l'exploitation de petits poissons pélagiques. Ces structures sont installées en zone sableuse, proches des récifs coralliens. Des observations visuelles montrent que ces dispositifs sont aussi utilisés par des espèces démersales récifales, essentiellement au stade juvénile, et qui forment des peuplements diversifiés. Ainsi ces dispositifs de concentration de poissons permettraient d'augmenter le recrutement dans des zones relativement pauvres en faune ichtyologique, mais ayant un potentiel biotique très important. Cette hypothèse reste à démontrer. C'est dans ce contexte que s'est mis en place la thèse E. Tessier (soutenance décembre 2005) dont l'objectif est de déterminer si ces récifs artificiels peuvent être des outils pertinents de gestion des ressources halieutiques.

Les structures artificielles (ype filets, maisons ou galets) ont été installées dans les baies de St Paul et de La Possession (Figure 53), la première étant située à proximité d'un récif corallien (Cap La Houssaye).

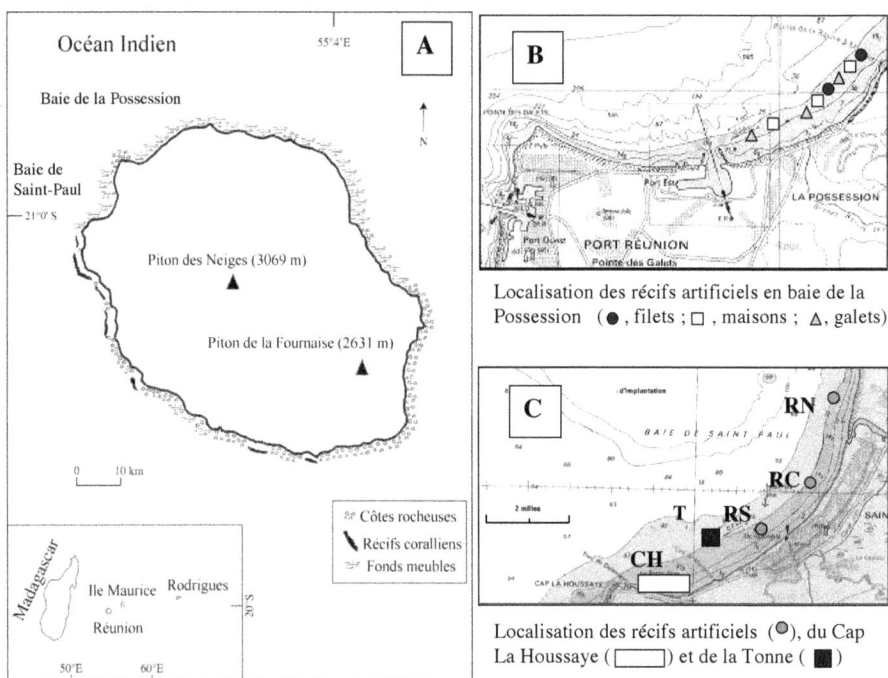

Figure 53 - Localisation des sites d'implantation de récifs artificiels (Baie de St Paul et de La Possession) et de la zone récifale adjacente (Cap La Houssaye) dans la zone N-O de La Réunion (image SPOT5, Copyright CNES)

Trois types de structures ont été installés : type « file », « galet », « maison » (Figure 54). Les structures de type « filet » (Figure 54A) sont constituées de matériaux légers (cordages, polymères) sont à la fois peu stables et ont une complexité structurale minimale. Les modules en béton de type « maison » (Figure 54B) sont formés par six modules identiques constitués d'un socle en béton et d'un empilement de palettes en PVC. L'agencement en trois branches de deux modules permet d'obtenir une complexité d'habitat à trois échelles différentes (Jouvenel, 2000). Les plus petits habitats correspondent aux espaces internes à chaque structure, puis, aux espaces entre les structures et enfin, aux espaces entre groupes de 2 modules. Cette disposition permet d'obtenir une surface d'emprise de 100 m^2, en prenant en compte l'ensemble des espaces délimités. Enfin, les structures de type « galet » (Figure 54C) ont un agencement chaotique et des cavités de tailles diverses qui leur confère un indice de complexité structurale élevée (*sensus* Ruitton *et al.*, 2000).

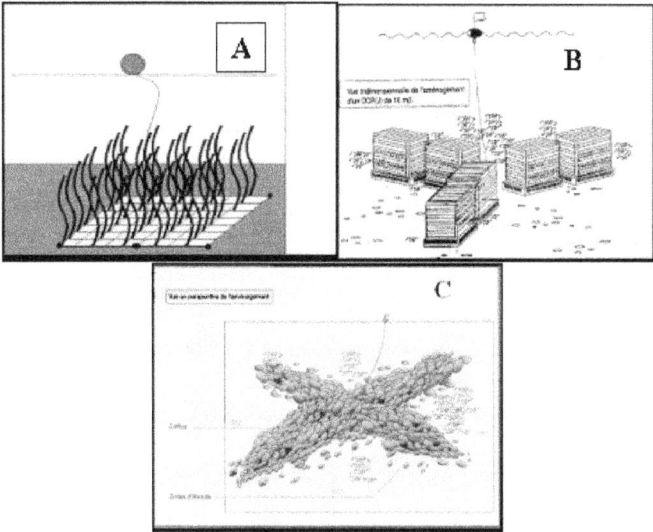

Figure 54 - Types de structures artificielles : A : Trame en filet (surface de la partie inférieure, 100 m^2. Ratio cavité sur surface pleine > 90%). B : Maison (surface de la partie inférieure 100 m^2. Ratio cavité sur surface pleine entre 40% et 50%). D : Galet (longueur d'une branche 6 mètres, surface globale 300 m3, ratio cavité sur surface pleine = 30%).

➢   Les principaux résultats obtenus lors de cette étude montrent que :

•   Les peuplements ichtyologiques associés aux récifs artificiels de la Réunion se caractérisent par une prédominance des juvéniles, des densités élevées et une diversité faible par rapport aux peuplements des récifs coralliens. Certaines familles caractéristiques des récifs coralliens ne sont pas observées sur les récifs artificiels (Pomacentridae, Labridae, Scaridae) alors que d'autres y sont majoritaires (Lutjanidae). Sur les récifs artificiels, la proportion des espèces d'intérêt commercial très élevée, tant en nombre (plus de 85%), qu'en biomasse (plus de 75%), comparativement à la zone corallienne. Parmi ces espèces, les plus fortes abondances sont observées pour *Gnathodentex aurolineatus*, *Lutjanus kasmira*, *Lutjanus notatus*, *Lutjanus bengalensis*, *Mulloidichthys vanicolensis*, *Mulloidichthys flavolineatus* et *Priacanthus hamrur*. La structure trophique des peuplements ichtyologiques inféodés aux récifs artificiels est composée en quasi-totalité de carnivores.

•   Chaque type de structure (filet, galet, maison) possède une propre dynamique de colonisation par les populations de poissons. Au départ, la colonisation est rapide sur l'ensemble des structures, avec des espèces caractéristiques à chaque type de structure. L'habitat influence donc le recrutement sans que le déterminisme (choix actif ou régulation) ne soit identifié. Les processus post-installation vont ensuite agir différemment en fonction du type de récif. Les structures souples de type « filet » sont caractérisées par des peuplements peu diversifiés, une faible biomasse et une prédominance d'individus juvéniles. Le peuplement varie essentiellement en fonction du forçage de facteurs extérieurs (cyclone, recrutement) qui régule leurs populations. Un cyclone peut, par exemple, générer un niveau exceptionnel de recrutement sur les structures de type « filet », suivie par une perte totale des juvéniles en raison d'une mortalité post-installation élevée [A16]. Quant aux structures rigides (type galet et maison), elles sont plus diversifiées et plus stables au cours du temps et semblent régulées davantage par des facteurs internes de type prédation. Si les peuplements des structures de type « galet » sont caractérisés par une forte diversité, ceux de type « maison » présentent en revanche une plus forte biomasse.

➢   Dans l'optique d'une augmentation de la production des stocks de poissons démersaux, la voie de gestion la plus appropriée est d'agir à deux stades clés du développement des espèces : la reproduction et l'installation.

1) Une des solutions pour augmenter le potentiel reproducteur des populations consiste à mettre en place une réserve marine, avec des zones interdites à la pêche. Cette solution permet de reconstituer la biomasse reproductrice des populations exploitées et, par voie de conséquence, de favoriser leur production de gamètes et de larves.

2) L'installation des juvéniles constituant une phase critique dans le cycle biologique d'une espèce, la prise en compte des besoins propres à chaque espèce est essentielle. L'influence des

processus post-recrutement sera analysée en fonction des différents « groupes écologiques» (types A, B et C) définis par Nakamura (1985) (cf. I.2).

- Espèce de type A - L'habitat est le paramètre indispensable à prendre en compte pour favoriser la survie des espèces qui sont directement associées au récif, telles que *Myripristis berndti* (Holocentridae) et *Epinephelus fasciatus* (Serranidae). Pour ces espèces, il est nécessaire d'avoir des structures rigides de type « galet » ou « maison », les maisons semblant posséder de meilleures performances pour la survie des juvéniles. Une meilleure connaissance des besoins spécifiques des recrues et juvéniles permettrait de proposer une architecture permettant de soutenir plus efficacement le recrutement et la survie post-installation.

- Espèce type B - Les liaisons avec l'habitat sont moindres. Deux modalités différentes ont été mises en évidence. Pour *Gnathodentex aurolineatus* (Lethrinidae), les récifs artificiels représenteraient un habitat intermédiaire, avant leur migration sur les récifs coralliens. Pour *Lutjanus kasmira* (Lutjanidae), la répartition des classes de taille, de biomasse et l'évolution de leur fréquence entre les différents milieux, suggèrent que les chances de survie des juvéniles seraient favorisées sur les structures de type « filet » par rapport aux structures rigides (type galet ou maison). Ce résultat pourrait s'expliquer par une complexification des peuplements sur les structures rigides qui augmente les relations interspécifiques, et en particulier la prédation.

Très rapidement après l'installation, l'espèce est capable de migrations. Il y a une séparation des classes de taille, les plus petits individus se retrouvant préférentiellement sur les structures de type « filet », les plus grands individus sur les structures rigides. Les biomasses les plus élevées sont observées sur les structures de type « maison ». Ces éléments suggèrent que la mise en place d'un réseau de structures artificielles, avec des fonctions différentes selon les besoins de l'espèce au cours des différentes étapes de leur ontogenèse, pourrait permettre de favoriser la survie des juvéniles et leur recrutement dans les populations d'adultes. Une meilleure compréhension des phénomènes de migrations, à travers l'utilisation de marques (classiques et acoustiques), permettrait d'optimiser la rentabilité des récifs artificiels.

- Espèce type C - Pour les espèces pélagiques (Carangidés du genre *Selar* ou *Decapterus*), les récifs artificiels représentent un système agrégatif qui permet aux individus de se regrouper. Ce sont des espèces à croissance rapide et reproduction précoce, et leur exploitation autour des RA pose le problème d'accessibilité de la ressource. L'étude montre que les structures agrégatives tendent à augmenter l'accessibilité de la ressource exploitable en la concentrant. Ce taux d'association semble stable pendant la nuit, quelle que soit la biomasse totale, et limité durant le jour par la « capacité d'accueil » des structures agrégatives.

L'impact de facteurs environnementaux stochastiques peut aboutir à un niveau exceptionnel de recrutement, mais aussi à une perte totale des juvéniles en raison d'une mortalité post-installation élevée. Cette mortalité est en partie causée par les fortes conditions hydrodynamiques observées dans le milieu ; l'hydrodynamisme est donc un facteur essentiel à prendre en compte en milieu tropical (cyclones) et ouvert (type baies de St Paul et La Possession). Il est essentiel de rechercher les mécanismes qui permettent, après l'installation des juvéniles, de contrecarrer les effets des évènements climatiques imprévisibles comme les cyclones, mais également de limiter les effets de la prédation. Pour tirer bénéfice de ces mécanismes, il est fondamental d'avoir des connaissances sur la biologie et l'écologie des espèces cibles afin d'améliorer la survie des juvéniles après l'installation.

Les différents éléments recueillis dans cette étude permettent finalement de proposer un plan de gestion « optimisé » pour les ressources halieutiques démersales à travers l'installation d'un réseau de récifs artificiels, répondant spécifiquement aux besoins des espèces durant leur ontogenèse, mais aussi au maintien d'un peuplement juvénile. Ce complexe de récifs artificiels, associé à la mise en réserve totale de certaines zones récifales, permettra une meilleure gestion des zones côtières soumises à une très forte pression anthropique à La Réunion

IV.3 Outils interactifs pédagogiques

Dans une optique de gestion durable, les actions de sensibilisation et d'éducation sont primordiales, qu'elles soient adressées aux enfants, aux populations locales, aux gestionnaires ou aux élus. Ces actions nécessitent des supports pédagogiques adaptés aux différents publics ciblés. Un des objectifs de l'Université de La Réunion est de valoriser les résultats de la recherche, notamment par le biais d'outils informatiques modernes et évolutifs. Plusieurs actions ont été menées (1998-2001, PPF mer « Restauration d'un platier récifal») ou sont en cours (2002-2005), notamment dans le cadre du programme ETIC (Eduquer aux Technologies de l'Information et de la Communication, http://etic.univ-reunion.fr); ce programme vise à valoriser les travaux de la recherche en environnement tropical insulaire par de nouvelles technologies interactives. ETIC s'appuie sur une démarche collaborative et partenariale de chercheurs universitaires qui souhaitent fédérer leurs compétences. Son objectif est de contribuer au développement d'un Système d'Information pour l'aide à la gestion des milieux naturels tropicaux que constituent les futures réserves naturelles du Parc marin et du Parc des hauts de La Réunion. L'amélioration de la gestion dans le domaine de l'environnement tropical insulaire constitue un enjeu majeur à La Réunion, et dans la région SO Océan Indien. Les organismes de recherche, et l'Université en particulier, jouent un rôle essentiel dans le développement de la connaissance et de l'expertise scientifique relatives à la biodiversité tropicale, aux habitants et aux usages. Dans ce programme, la valorisation et la diffusion de l'information se matérialisent sous deux formes : d'une part, un site Intranet chercheur réunissant des outils pour la modélisation des connaissances (valorisation en amont) ; d'autre part, un portail Internet divisé en trois pôles « mer, terre, eau », avec le développement de projets transversaux, et la communication des informations vers le grand public (valorisation en aval). Ce portail présente des projets d'application, définis autour de thématiques et problématiques relatives à l'environnement tropical insulaire.

J'ai contribué à la mise en place du thème général *« biodiversité marine et dégradation de l'écosystème récifal »*, thématique qui réunit les compétences de l'IREMIA, initiateur du projet (Institut de REcherche en Mathématiques et Informatique Appliquées, Université de La Réunion), d'ECOMAR, de Vie Océane (association réunionnaise de sensibilisation à l'environnement corallien), du Parc Marin et des enseignants-chercheurs dans le cadre de formation de DESS. Au tout début de ce programme, lors d'un stage hors cursus de Maîtrise de Biologie que j'ai encadré a été élaboré un CD sur « la vie récifale à La Réunion » en association avec l'IREMIA [D2]. J'ai participé à la mise en place d'une base de connaissances sur les poissons récifaux en utilisant les profils, puis les couleurs des différentes espèces. Cette réalisation a été intégrée à une visite virtuelle du lagon en 3D. L'utilisateur peut, soit cliquer sur un poisson pour avoir accès à une fiche d'information, soit identifier un poisson (par ex. à partir d'une de ses photos ou dessins), en répondant à un questionnaire (Figure 55). C'est ce qu'on appelle du « E-Learning » ou auto apprentissage tutoré, qui est une formation en ligne où les termes élèves, étudiants, enseignants, disparaît au profit de celui d'apprenants et de formateurs, en utilisant l'Internet comme canal de diffusion.

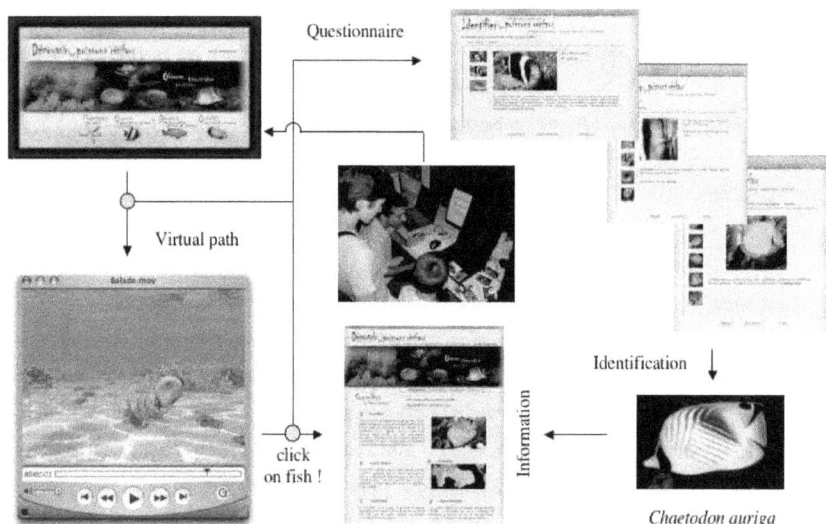

Figure 55 – Scénarios d'identification des espèces de poissons par auto apprentissage (« E-Learning ») via Internet [C5].

Cette réalisation s'intègre dans un projet plus vaste, qui est la réalisation d'un DVD multimédia/site Internet sur la biodiversité et l'organisation trophique des poissons récifaux de La Réunion (coordonnatrice du projet F. Trentin, Vie Océane) [C5, R23]. Ce DVD, à travers une approche attrayante de la biodiversité récifale, des rapports coraux-poissons et des relations trophiques des poissons, met l'accent sur les facteurs de déséquilibre et leurs conséquences sur l'écosystème, ainsi que sur les moyens de préserver la diversité des peuplements ichtyologiques. Des simulations de comportement par des systèmes multi-agents sur l'interaction coraux-poissons ont déjà été développées [C5]. Ce DVD rendra également accessible des données scientifiques, déjà été en grande partie collectées, dans un document (« L'univers corallien »), publié dans le cadre de l'association Vie Océane, auquel j'ai contribué pour la partie « poissons ». Le site Web pourra, par la suite, être mis en relation avec la banque de données sur les poissons de La Réunion, en cours de réalisation par l'APMR et ECOMAR, et s'intégrer dans le site plus vaste du programme d'ETIC.

Les écosystèmes coralliens de La Réunion, fortement soumis à la pression anthropique, sont très menacés. Le maintien de leur équilibre nécessite une mobilisation forte de tous, tant utilisateurs que décideurs. Il est important et urgent de mettre à disposition des différents publics une information objective et scientifique à même d'initier une prise de conscience collective devant conduire à des comportements respectueux de l'équilibre des milieux. Le programme ETIC donne la possibilité à l'Université et ses partenaires de synthétiser, mettre à jour et communiquer leurs connaissances sur la biodiversité des écosystèmes récifaux auprès des aménageurs de l'environnement, dans la perspective d'une gestion durable d'espaces fragiles qui font toute la richesse et la beauté de La Réunion. L'éducation est essentielle pour tout programme de préservation durable. Je reste convaincue que nous pouvons sauver une grande partie des récifs dégradés surtout par ignorance.

V. Synthèse des résultats obtenus

L'habitat en milieu récifal est avant tout édifié par les coraux constructeurs de récif. De leur bon « état de santé » dépend celle de l'écosystème qu'ils abritent. Pour les poissons associés au récif corallien, cet habitat joue un rôle essentiel. Il conditionne la mise en place de leurs peuplements et la dynamique d'installation de leurs populations. Les poissons l'utilisent, soit directement en tant qu'abri ou source de nourriture, soit indirectement en exploitant les proies qui y sont associées. Des modifications de l'habitat corallien, suite à des perturbations naturelles ou anthropiques, engendrent des changements sur les populations et peuplements de poissons associés. Le type et l'intensité de la perturbation, ainsi que l'état des communautés récifales avant la perturbation, conditionnent la résilience de l'écosystème récifal, c'est-à-dire sa capacité de régénération.

Les études que j'ai effectuées dans le SO de l'Océan Indien montrent toujours une succession comparable à l'intérieur des communautés benthiques après une perturbation. L'impact, qu'il soit naturel (cyclone, augmentation des températures des eaux de surface océaniques) ou anthropique (enrichissement du milieu en éléments nutritifs), entraîne une mortalité corallienne à une échelle spatio-temporelle dépendant de la nature de cette perturbation. Ainsi, l'effet sur les peuplements coralliens est immédiat dans le cas d'un cyclone, à l'échelle du mois pour une augmentation de température des eaux de surface (blanchissement) et à l'échelle de l'année pour une augmentation des sels nutritifs (eutrophisation). De même, l'extension des phénomènes est différente, locale pour l'eutrophisation, plus régionale pour les perturbations naturelles. Les algues envahissent ensuite rapidement l'espace laissé disponible par les coraux morts. Selon l'état de l'écosystème et sa résilience, les peuplements coralliens recolonisent plus ou moins rapidement l'espace occupé par les algues. Cette recolonisation dépend de plusieurs facteurs : les conditions du milieu, la biocénose en place et l'absence de perturbation pendant la phase de « récupération ». Ainsi, l'écosystème de St Leu a récupéré relativement rapidement (à l'échelle de la décennie) après le passage du cyclone Firinga, en l'absence de nouvelles perturbations cycloniques majeures, et grâce au bonnes conditions environnementales (milieu oligotrophe). À Mayotte, après le blanchissement massif de 1998, la récupération du corail a été rapide à l'intérieur du lagon (3-4 ans), mais plus lente sur les pentes externes, qui sont toujours en phase de régénération. Une dynamique comparable a été observée également aux Iles Eparses. Cette variabilité des « réponses » illustre la diversité des situations rencontrées, dépendant notamment de la géomorphologie récifale, de l'état de santé de l'écosystème et des perturbations exercées sur lui. Les herbivores (poissons et oursins essentiellement) jouent également un rôle essentiel pour aider les coraux à recoloniser l'espace. En broutant et raclant les algues, ils laissent de l'espace disponible pour les larves coralliennes, même si au passage, ils peuvent également freiner leur colonisation en ingérant accidentellement les polypes nouvellement installés.

Face à ces changements de milieu, les peuplements ichtyologiques récifaux réagissent avec une intensité, dépendant du type de perturbation (destruction physique de l'habitat ou pas), de son étendue (petite ou grande échelle, toutes les colonies touchées ou pas) et de la « sensibilité » des populations (directement liées ou non au substrat). Même si les liens qui unissent les coraux et les poissons sont prouvés, les modifications à l'intérieur des peuplements ichtyologiques ne sont pas toujours perceptibles immédiatement après l'impact. La diversité spécifique, par exemple, semble être le paramètre le plus « robuste » face à une perturbation, celle-ci affectant principalement quelques familles directement liées au substrat, par des liens trophiques (Chaetodontidae, Acanthuridae), ou à travers l'abri qu'il leur procure (Pomacentridae). Néanmoins, elle laisse quelques individus qui « tamponnent » l'effet de la perturbation sur la richesse spécifique totale observée dans le milieu. Toutefois, même si l'effet sur le paramètre n'est pas immédiat, il n'en est pas moins effectif comme le montrent mes résultats. Une relation positive et significative est en effet observée entre la diversité de l'habitat (complexité architecturale, richesse corallienne) et celle des poissons. Il y a juste un décalage entre la réaction immédiate des communautés benthiques, et celle différée des populations de poissons. Ce décalage pourrait être relié à une diminution du recrutement des juvéniles dans les populations d'adultes, conséquence probable d'une plus forte mortalité durant leur installation en milieu récifal, suite à la dégradation de l'habitat engendrée par la pertubation. Le succès moindre du recrutement, observé sur quelques années consécutives, entraînerait alors des modifications à l'intérieur du peuplement ichtyologique, décelables sur la diversité totale, et en particulier sur la structure trophique. Cette structure, exprimée en pourcentage du nombre d'individus, est sans doute un des critères les plus sensibles face à une perturbation ; de ce fait, il est essentiel à prendre en compte pour analyser un impact. Les résultats les plus probants dans mes études montrent que la dégradation du milieu récifal (mortalité corallienne) se traduit le plus souvent par une augmentation rapide des herbivores (Acanthuridae, *Stegastes*) et une diminution des corallivores (Chaetodontidae). Enfin, l'abondance totale du peuplement ichtyologique est un critère difficile à prendre en compte pour analyser une perturbation, certaines familles diminuant, d'autres augmentant, voire proliférant (ex. *Stegastes nigricans*). Ainsi, après une perturbation, l'abondance totale du peuplement peut rester stable, mais cette stabilité n'est pas pour autant révélatrice d'une absence de réaction du peuplement face à la perturbation. Il est donc indispensable d'acquérir un ensemble de descripteurs de l'état des communautés (richesse spécifique, densité, structure trophique, biomasse). Leur complémentarité permet de suivre et d'interpréter au mieux l'évolution du peuplement ichtyologique, en relation avec des données relatives à l'habitat, composante à ne pas négliger pour analyser l'impact des perturbations.

Bibliographie

Adams A.J., Locascio J.V. & Robbins B.D., 2004. Microhabitat use by a post-settlement stage estuarine fish: evidence from relative abundance and predation among habitats. *J. Exp. Mar. Biol. Ecol.* 299: 17-33.

Allen G.R. & Steene R.C., 1987. Reef fishes of the Indian Ocean. T.F.H. publications, 240 pp.

Allen G.R. & Werner T.B., 2002. Coral Reef fish assessment in the coral triangle of southeastern Asia. *Env. Biol. Fish.* 65: 209-214.

Andrefouët S., Berkelmans R., Odriozola L., Done T., Oliver J. & Müller-Karger F., 2002. Choosing the appropriate spatial resolution for monitoring coral bleaching events using remote sensing. *Coral Reefs* 21: 147-154.

Anfréfouët S. & Torres-Pulliza D., 2004. Atlas des récifs coralliens de Nouvelle-Calédonie. IFRECOR Nouvelle-Calédonie, IRD Nouméa, 26 p + 22 planches.

Auberson B., 1982. Coral transplantation: an approach to the re-establishment of damaged reef. *Kalikasan* 11: 158-172.

Auster P.J., Stewart L.L., Sprunk H., 1989. Scientific imaging with ROVs: tools and techniques. *Mar. Techn. Soc. J.* 23 (3): 16-20.

Bagenal T.B. & Tesh F.W., 1978. Age and growth. *In:* Methods for assessment of fish production in fresh waters. T. Bagenal (ed.): 101-136. Oxford UK.

Bell J.D. & Galzin R., 1984. Influence of live coral cover on a coral reef fish communities. *Mar. Ecol. Prog. Ser.* 15: 265-274

Bell P.R, 1992. Eutrophication and coral reefs. Some examples in the Great Barrier Reef Lagoon. *Wat. Sci. Tech.* 2: 121-130.

Bellwood D.R. & Choat J.H., 1990. A functional analysis of grazing in parrotfishes (Family Scaridae): the ecological implications. *Env. Biol. Fish.* 28: 189-214.

Bellwood D. & Hughes T., 2001. Regional-scale assembly rules and biodiversity of coral reefs. *Science* 292: 1532-1534.

Benaka L.R., 1999. Fish habitat: essential fish habitat and rehabilitation. 22th American Fisheries Society Symp., Bethesda, Maryland.

Birkeland C., 1996. Implication for resource management. *In:* Live and death of coral reefs, Birkeland (ed.): 411-437. Chapman and Hall, London.

Birkeland C., Randall R. & Grimm G., 1979. Three methods of coral transplantation for the purpose of re-establishing a coral community in the thermal effluent area at the Tanguisson Power Plant. Univ. Guam Tech. Rep., 60 p.

Blommenstein E., 1985. Tourism and environment: an overview of the Eastern Caribbean. Port of Spain, Trinidad & Tobago: Economic Commission for Latin America and the Caribbean.

Bombace G., Fabi G., Fiorantini L., 2000. Artificial reefs in the adriatic sea. *In:* Artificial Reefs in European Seas. Jensen A.C., Collins K.J., Lockwood, A.P. (eds): 31-63. Kluwer Academic Publisher.

Bortone S.A, Samoilys M.A., Francour P., 2000. Fish and macroinvertebrate evaluation. *In:* Artificial Reef Evaluation with application to Natural Marine Habitats. W. Seaman, Jr. (Ed).

Bouchon C., 1978. Etude quantitative des peuplements à base de sclératiniaires d'un récif frangeant de l'île de la Réunion (O. Indien). Thèse de 3ème cycle, Univ. Aix-Marseille II, 71p.

Bouchon C. & Bouchon-Navaro Y., 1981. Etude d'environnement du lagon du récif de l'Hermitage (Lieu-dit: Go Payet). *Rap. Centre Univ. Réunion, Labo. Biol. Mar.* 33 pp.

Bouchon-Navaro Y., 1980. Quantitative distribution of the Chaetodontidae on a fringing reef of the jordanian coast (Gulf of Aqaba Red Sea). *Tethys* 9 (3): 247-251.

Bouchon-Navaro Y., 1981. Quantitative distribution of the *Chaetodontidae* on a reef of Moorea Island (French Polynesia). *J. Exp. Mar. Biol. Ecol.* 55: 145-157.

Bouchon-Navaro Y., 1983. Distribution quantitative des principaux poissons herbivores (Acanthuridae et Scaridae) de l'atoll de Takapoto (Polynesie française). *J. Soc. Ocean.* 77: 43-54.

Bouchon-Navaro Y. & Bouchon C., 1989. Correlations between chaetodontid fishes and coral communities of the Gulf of Aqaba (Red Sea). *Environ. Biol. Fish.* 25 (1-3): 47-60.

Bouchon-Navaro Y., Bouchon C. & Harmelin-Vivien M.L., 1985. Impact of coral degradation on a Chaetodontid Fish assemblage (Moorea, French Polynesia). *Proc. 5th Intern. Coral Reef Symp.* 5: 427-432.

Bowden-Kerby A., 1997. Coral transplantation in sheltered habitats using attached fragmentsand cultured colonies. *Proc. 8th Int. Coral Reef Symp.* 2: 2063-2068.

Brown B.E. & Howard L.S., 1985. Assessing the effects of "stress" on reef corals. *Adv. Mar. Biol.* 22: 1-63.

Bruggeman J.H., 1994. Parrotfish grazing on coral reefs: a trophic novelty. PhD Univ. Groningen, The Netherlands, 213 p.

Buckley M.R. & Hueckel J.G., 1989. Analysis of visuals transects for fish assessment on artificial reefs. *Bull. Mar. Sci.* 44: 893-898.

Buckland S.T., Anderson D.R., Burnham K.P. & Laake J.L., 1993. Distance sampling. Estimating abundance of biological populations. Chapman & Hall, London.

Campana S.E., 1999. Chemistry and composition of fish otoliths: pathways, mechanisms and applications. *Mar. Ecol. Prog Ser.* 188: 263-297.

Carr M.H. & Hixon M.A., 1995. Predation effects on early post-settlement survivorship of coral-reef fishes. *Mar. Ecol. Prog Ser.* 124: 31-42.

Caselle J.E., 1999. Early post-settlement mortality in a coral reef fish and its effects on local population size. *Ecol. Monogr.* 69: 177-194.

Chabanet P., 1994. Etude des relations entre les peuplements benthiques et les peuplements ichtyologiques sur le complexe récifal de Saint-Gilles/ La Saline à l'île de La Réunion de la Réunion. Thèse Doct. Environnement marin, Université aix-Marseille III, 235p.

Chapman P., Di Marco S., Davis R.E. & Coward A.C., 2003. Flow at intermediate depths around Madagascar based on ALACE float trajectories. *Deep-sea Res. II* 50: 1957- 1986.

Chapell J., 1980. Coral morphology, diversity and reef growth. *Nature* 286: 249-252.

Charbonnel E., Francour P., Harmelin J.G. & Ody D., 1995. Les problèmes d'échantillonnage et de recensement du peuplement ichtyologique dans les récifs artificiels. *Biol. Mar. Med.* 2 (1): 85-90.

Chazottes V., 1994. Etude expérimentale de la bioérosion et de la sédimentogénèse en milieu récifal : effets de l'eutrophisation (île de la Réunion, Océan Indien Occidental). Thèse Doct. Sédimentologie, Université d'Aix-Marseille I, 255 pages.

Clarks S. & Edwards A.J., 1995. Coral transplantation as an aid to reef rehabilitation: evaluation of a case study in the Maldives Islands. *Coral Reefs* 201-213.

Conand C., Cuet P., Naim O. & Mioche D., 2002. Des coraux sous surveillance. *Pour la Science* 298: 75-81.

Connell J.H., Hughes T.P. & Wallace C.C., 1997. A 30-year study of coral abundance, recruitment, and disturbance at several scales in space and time. *Ecol. Monogr.* 67: 461-488.

Connolly S.R., Bellwood D.R. & Hughes T.P., 2003. Indo-Pacific biodiversity of coral reefs: deviations from a mid-domain model. *Ecology* 84(8): 2178-2190.

Cordier M.O. & Largouët C., 2002. Using model-checking techniques for diagnosing discrete-event systems. Symposium Model Checking and Artificial Intelligence (Lyon), communication.

Cowen R.K., Lwiza K., Sponaugle S., Paris C. & Olson D.B., 2000. Connectivity of marine populations : open or close ? *Science* 287 : 857-859.

Cuet P., 1989. Influence des résurgences d'eaux douces sur les caractéristiques physico-chimiques et métaboliques de l'écosystème récifal à La Réunion (O. Indien). Thèse Chimie, Univ. Aix-Marseille III, 295 p.

Cuet P., 1994. Sources de l'enrichissement en sels nutritifs de l'écosystème récifal à La Réunion : impacts des eaux souterraines. *In*: Environnement en milieu tropical, J.Coudray & M.L. Bouguerra (eds), ESTEM, Paris : 105-110.

Cuet P., Naim O., Faure G. & Conan J.Y., 1988. Nutrient-rich groundwater impact on benthic communities of la Saline fringing reef (Reunion Island): preliminary results. *Proc. 6th Intern. Coral Reef Symp.* 2: 207-212.

Devakarne J., 2004. Etude du comportement exploratoire d'un poisson corallien par marquage acoustique : le cas de *Lutjanus kasmira* dans la Baie de St-Paul (Réunion). DEA Université d'Aix-Marseille II, Biosciences Environnement, Chimie et Santé.

Dixon J.A., Fallon Scura L. & Van't Hof T., 1995. Ecology and microeconomics as "joint products": the Bonaire Marine Park in the Caribbean Biodiversity Conservation, C.A. Perrings (ed.): 127-145. Kluwer, Amsterdam, Netherlands.

Doherty P., 1991. Spatial and temporal patterns in recruitment. *In*: The ecology of fishes on coral reefs. P.Sale (ed): 261-293. Academic Press Inc. New York.

Dufour V., 1992. Colonisation des récifs coralliens par les larves de poissons. Thèse Doct., Université Pierre et Marie Curie, 103p.

Durville P., 2002. Colonisation ichtyologique des platiers de La Réunion et biologie des post larves de poissons coralliens. Thèse Université de La Réunion-EPHE-ARDA, 195pp.

Endean R., 1976. Destruction and recovery of coral reef communities. *In*: Biology and Geology of coral reefs, O.A. Jones & R. Endean (eds), Vol. 3, Biology 2: 215-254. Academic press.

English S., Wilkinson C. & Baker V., 1994. Survey manual for tropical marine resource. Australian Institute of Marine Science, 390 p.

Faure G., 1982. Recherche sur les peuplements de sclératiniaires des récifs coralliens des Mascareignes (Océan Indien occidental). Thèse *es* sciences, Univ. Aix-Marseille II, 206 p.

Fricke R., 1999. Fishes of the Mascarene Islands (Réunion, Mauritius, Rodriguez). Königstein Koeltz Scientific Books (Ed.), 759 p.

Fisher R., 2005. Swimming speeds of larval coral reef fishes: impact on self-recruitment and dispersal. *Mar. Ecol.Prog. Ser.* 285: 223-232.

Fowler A.J., Campana S., Jones C. & Thorrold S., 1995. Experimental assessment of the effect of temperature and salinity on elemental composition of otoliths using solution-based ICPMS. *Can. J. Fish. Aquat. Sci.* 52: 1421-1430.

Fowler A.J., Black K.P. & Jenkins G. P., 2000. Dtermination of spawning areas and larval advection pathways for King George whtiting in southeastern Australia using otolithmicrostructure and hydrodynamic modelling. II. South Australia. *Mar. Ecol. Prog. Ser.* 199: 243-254.

Fukami H., Omori M., Shimoike K., Hayashibara H. & Hatta M., 2003. Ecological and genetic aspects concerned with reproductive isolation by different timing of spawning in Acropora corals. *Mar. Biol.* 124: 679-684.

Gabrié C., 1998. L'état des récifs coralliens en France Outre-Mer. *Rap. IFRECOR*, Ministère de l'Aménagement du Territoire et Secrétariat d'Etat à l'Outre-Mer, 136 p.

Galzin R., 1979. La faune ichtyologique d'un récif corallien de Moorea, Polynesie française : échantillonnage et premiers résultats. *Rev. Ecol. Terre et Vie* 33 : 623-642.

Galzin R., 1985. Ecologie des poissons récifaux de Polynésie Française. Thèse *ès* Sciences, Université de Montpellier, 170 p.

Galzin R., 1987. Structure of fish communities of french Polynesia coral reefs. I: spatial scales. *Mar. Ecol. Prog. Ser.* 41: 129-136.

Glynn P.W., 1993. Coral reef bleaching: ecological perspectives. *Coral Reefs* 12: 1-17.

Goreau T., McClanahan T., Hayes R. & Strong A., 2000. Conservation of coral reefs after the 1998 bleaching event. *Conserv. Biol.* 14: 5-15.

Gorham J.C. & Alevizon W.S., 1989. Habitat complexity and the abundance of juvenile fishes residing on small scale artificial reefs. *Bull. Mar. Sc.* 44(2): 662-665.

Grigg R.W., Dollar S.J., 1990. Natural and anthropogenic disturbance on coral reef ecology. *In*: Ecosystems of the world 25, Coral reefs. Dubinsky Z. (Ed): 439-452. Elsevier, Amsterdam.

Guillaume M., Payri C. & Faure G., 1983. Blatant degradation of coral reefs at La Reunion island (West Indien Ocean). *Int. Soc.reef Stud., Ann. Meet. Nice*: 28 (résumé).

Guillemot N., 2005. Analyse des peuplements de poissons récifaux dans la zone de Koné (Nouvelle-Calédonie) et optimisation du plan d'échantillonnage pour le suivi d'un impact anthropique sur les ressources halieutiques. Rapport DAA, spécialité halieutique, Agrocampus de Rennes., 47 p.

Harmelin-Vivien M.L., 1976. Ichtyofaune de quelques récifs coralliens des Iles Maurice et de la Réunion (Archipel des Mascareignes, Océan Indien). *Mauritius Inst. Bull.* II(2) : 69-104.

Harmelin-Vivien M.L., 1979. Ichtyfaune des récifs coralliens de Tuléar (Madagascar) : écologie et réseaux trophiques. Thèse *ès* Sciences, Univ. Aix-Marseille II, 165p.

Harmelin-Vivien M.L., 1989. Reef fish community structure: An Indo-Pacific comparaison. *Ecol. Stud.* 69: 21-60.

Harmelin-Vivien M.L, 1992. Impact des activités humaines sur les peuplements ichtyologiques des récifs coralliens de Polynésie française. *Cybium*. 16(4): 279-289.

Harmelin-Vivien M.L, 1994. The effects of Storms and Cyclones on Coral Reefs: A Review. *J Coast Res* Special Issue Coastal Hazards N° 12 : 211-231.

Harmelin-Vivien M., 2002. Energetics and fish diversity on coral reefs. *In*: Coral reefs fishes. Dynamics and diversity in a complex ecosystem. P. Sale (ed.): 265-274. Academic Press.

Harmelin-Vivien M.L & Harmelin J.G., 1975. Présentation d'une méthode d'évaluation *in situ* de la faune ichtyologique. *Trav. Sci. Parc Nation. Port-Cros* 1: 47-52.

Harmelin-Vivien M.L & Bouchon-Navaro Y., 1981. Trophic relationship among Chaetodontid fishes in the Gulf of Aqaba (Red Sea). *Proc. 4th Intern. Coral Reef Symp.* 2: 537-544.

Harmelin-Vivien M.L & Bouchon-Navaro Y., 1983. Feeding diets and significance of coral feeding among Chaetodontid fishes in Moorea (French Polynesia). *Coral reefs* 2: 119-127.

Harmelin-Vivien M.L., Harmelin J.G., Chauvet C., Duval C., Galzin R., Lejeune P., Barnabé G., Blanc F., Chevalier R., Duclerc J. & Lasserre G., 1985. Evaluation visuelle des peuplements et populations de poissons : méthodes et problèmes. *Rev. Ecol. Terre Vie* 40: 467-539.

Hamner W.M., Jones M.S., Carleton J.H ., Hauri I.R. & Williams D.M., 1988. Zooplancton, planktivorous fish, and water currents on a windward reef face: Great Barrier Reef, Australia. *Bull. Mar. Sci.* 42: 459-479.

Harriot V.J. & Fisk D.A., 1988. Accelerated regeneration of hard corals: a manuel for coal reef users and managers. *GBRMPA Tech. Rep.* 16.

Heyward A.J., Smith L.D., Rees M. & Field S.N., 2002. Enhancement of coral recruitment by *in situ* mass culture of juveniles corals. *Mar. Ecol. Progr. Ser.* 230: 113-118.

Heywood K.J., Barton E.D. & Simpson J.H., 1990. The effects of flow distribution by an oceanic island. *J. Mar. Res.* 48: 55-73.

Hobson E.S., 1974. Feeding relationships of teleostean fishes on coral reefs in Kona, Hawaii. *Fish Bull.* 72: 915-1031.

Hobson E.S. & Chess J.R., 1986. Diel movements of resident and transient zooplankters above lagoon reefs at Enewetak Atoll, Marshall Islands. *Pac. Sci.* 40: 7-26.

Hiatt W.R. & Stasburg D.W., 1960. Ecological relationship of the fish fauna on coral reefs of the Marshall islands. *Ecol. Monogr.* 30 (1): 65-127.

Hourrigan T., Tricas T. & Reese E., 1988. Coral reef fishes as indicators of environmental stress in coral reefs. *In:* Marine organisms as indicators. Soule D. & Kleppel G. (Eds), 6: 107-135.

Hughes T.P, Belwood D.R & Connolly S.R, 2002. Biodiversity hotspots, centers of endemicity, and the conservation of coral reefs. *Ecol Letters* 5: 775-784.

Jensen, A.C., 1997. European Artificial Reef Research. Proc. 1st EARRN Conf., Ancona, Italy. Southampton oceanography Centre, England, 449 p.

Join J.L., 1991. Caractérisation hydrogéologique du milieu volcanique insulaire. Le Piton des Neiges (Ile de La Réunion). Thèse Doct. Hydrogéologie, Univ. Montpellier, 187 p.

Join J.L., Pomme J.B, Coudray J. & Daessle M., 1988. Caractérisation des aquifères basaltiques en domaine littoral. Impact d'un récif corallien. *Hydrogéologie* 2: 107-115.

Jones G.P., Millcich M.J., Erosile M.J. & Lunow C., 1999. Self-recruitment in a coral fish population. *Nature* 402: 802-804.

Jorgensen S.E & Müller F., 1996. Handbook of Ecosystem Theories and Management. Lewis Publishers.

Jouvenel J.Y., 2000. Mise en valeur des zones sableuses par l'implantation de récifs artificiels. *Rapp Aquafish Technology* /CRPMEM de La Réunion, 34 p.

Kami H.T. & Ikera I.I., 1976. Notes on the annual juvenile siganid harvest in Guam. *Micronesia* 12: 323-325.

Kiene WB, Hutching PA, 1992. Long-term bioerosion of experimental substrates from Lizard Island. Proc. 7th Int. Coral Reef Symp 1: 397-403.

Kingsford M. J. & Choat J. H., 1989. Horizontal distribution patterns of presettlement reef fish: are they influence by the proximity of reefs. *Mar. Biol.* 101: 285-297.

Kulbicki M., 1988. Main variation of the trophic structure of fish populations in the SW lagoon of New Caledonia. *Proc. 6th Coral Reef Symp.* 2: 305-312.

Kulbicki M., Chabanet P., Guillemot N., Sarramégna S., Vigliola L. & Labrosse P., 2004. Les poissons de récifs dans la région de Koné. Premiers résultats comparatifs des évaluations en plongées menées par l'IRD, la CPS et Falconbridge entre 1996 et 2002. *Rapport IRD* - Falconbridge, 50 p.

Lacour F., 2000. Mise au point d'un protocole de comptage des peuplements ichtyologiques sur un récif artificiel. DEA Université d'Aix-Marseille II, Biosciences Environnement, Chimie et Santé.

Largouët C. & Cordier M.O., 2000. Timed Automata Model to Improve the Classification of a Sequence of Images. European Conference on Artificial Intelligence (Amsterdam): 538-545.

Largouët C. & Cordier M.O., 2001. Improving the Landcover Classification using Domain Knowledge. Environmental Sciences and Artificial Intelligence, Communication Special issue. vol. 14: 1-15.

Legendre L., Legendre P., 1998. Numerical ecology. Elsevier.

Leis J.M., 1982. Nearshore distributional gardients of larval fish (15 taxa) and planctonique crustaceans (6 taxa) in Hawaii. *Mar. Biol.* 72: 89-97.

Leis J.M., 1986. Vertical and horizontal distributions of fish larvae near coral reefs at Lizard Island, Great Barrier Reef. *Mar. Biol.* 90: 505-516.

Leis J.M., 1991. The pelagic stage of reef fishes. : the larval biology of coral reef fishes. *In:* The Ecology of Fishes on coral reefs. P. F. Sale (ed): 183-230. Academic Press, San Diego, CA.

Leis J.M. & Carson-Ewart B.M., 2000. Behaviour of pelagic larvae of four coral-reef fish species in the ocean and an atoll lagoon. *Coral Reefs* 19 (3): 247-257.

Leis J.M., Carson-Ewart B.M. & Webley J., 1997. Settlement behavior of coral-reef fish larvae at subsurface articifial-reef moorings. *Mar. Fresh. Res. Wat.* 53: 319-327.

Letourneur Y., 1992. Dynamique des peuplements ichtyologiques des platiers récifaux de l'île de La Réunion. Thèse Univ. Aix-Marseille II : 244p.

Letourneur Y., 1996. Dynamics of fish communities on Reunion fringing reefs, Indian Ocean. I. Patterns of spatial distribution. *J. Exp. Mar. Biol. Ecol.* 195: 1-30.

Letourneur Y., Harmelin-Vivien M., Galzin R., 1993. Impact of hurricane Firinga on fish community structure on fringing reefs of Reunion Island, S.W. Indian Ocean. *Env Biol Fish* 37: 109-120

Letourneur Y., Chabanet P., Vigliola L. & Harmelin-Vivien M., 1998. Masss settlement and post-settlement mortality of *Epinephelus merra* (Pisces : Serranidae) on Reunion coral reefs. *J. Exp. Mar. Biol. Ecol.* 196: 1-30.

Levêque C., 1997. Ecologie : de l'écosystème à la biosphere. Dunod, Paris.

Lewis A.R., 1997. Effects of experimental coral disturbance on the structure of fish communities on large patch reefs. *Mar. Ecol. Progr. Ser.* 161: 37-50.

Lieske E. & Myers R.F., 1995. Les poissons récifaux des récifs coralliens. Adaptation française Y. Bouchon-Navaro Y. Delachaux & Niestlé (Eds), 400 p.

Lutjeharms J.R., Bang N.D. & Ducan C.P., 1981. Characteristics of the currents East and South of Madagascar. *Deep Sea Res.* 28A: 879-899.

Mac Arthur R.H., Wilson E.O., 1967. Island Biogeography. Princeton Univ. Press, Princeton N.J.

McClanahan T.R., Nughes M., Mwachireya S., 1994. Fish and sea urchin herbivory and competition in Kenyan coral reef lagoons: the role of reef management. *J. Exp. Mar. Ecol.* 184:237-254.

McClanahan T.R., Mwaguni S. & Muthiga N.A., 2005. Management of the Kenyan coast. *Ocean Coast. Manag.*, in press.

Michalopoulos, C., Auster, P.J., Malatesta, R.J., 1992. A comparison of transect and species time counts for assessing faunal abundance from video surveys. *MTS Journal* 26 (4): 27-31.

Mioche D. & Cuet P., 2002. Community metabolism on the reef flats at Réunion (Indian Ocean): natural *versus* anthropogenic disturbance. *Proc. 9th Intern. Coral Reef Symp.* (résumé).

Mora C. & Sale P.F., 2002. Are populations of coral reef fish open or closed? *Trends Ecol. Evol.* 17 : 422-428.

Morize E. Galzin R., Harmelin-Vivien M. & Arnaudin H., 1990. Organisation spatiale du peuplement ichtyologique dans le lagon d'atoll de Tikehau (Polynésie Française). *Doc. ORSTOM Océanographie* N°40, 36 p.

Mumby P.J., Chisholm J.R.M., Clark C.D., Hedley J.D., Jaubert J., 2001. A bird-eye view of the health of coral reefs. *Nature.* 413: 36.

Myers R.F., 1989. Micronesian Reef Fishes. Coral Graphics, Agana Guam.

Naim O., 1980. Etude qualitative et quantitative de la faune mobile associée aux algues du lagon de Tiahura, île de Moorea, Polynésie française. Thèse 3ème cycle, Univ. Paris VI, 200 pp.

Naim O., 1993. Seasonal responses of a fringing-reef community to eutrophication (Reunion Island, Western Indian Ocean). *Mar. Ecol. Prog. Ser.* 99: 137-151.

Naim O., 2003. *Acropora formosa* (Dana, 1846) (Anthozoaire, Scléractiniaire), une espèce de corail structurant les biocénoses de platiers récifaux (Ile de la Réunion, S.O. Océan Indien). *Journal de la Nature* 14(3): 27-37

Naim O. & Cuet P., 2000. Benthic community structure *versus* nitrate input at Reunion (SW Indian ocean). *Proc. 9th Intern. Coral Reef Symp.* (résumé).

Naim O., Cuet P. & Letourneur Y., 1997. Experimental shift in benthic community structure. *Proc 8th Intern Coral reef Symp.* 2: 1873-1878.

Naim O., Faure G. & Engelmann A., 1998. Coral recolonization three years after the impact of a cyclone on a reef flat (Saint-Leu, Reunion, SW Indian Ocean). *Ann Intern Soc Reef Studies*, Perpignan, France (résumé).

Nakamura, M., 1985. Evaluation of artificial reef concepts in Japan. *Bull. Mar. Sci.* 37: 271-278.

Nanami A. & Nishihira M. 2003. Population dynamics and spatial distribution of coral reef fishes: comparison between continuous and isolated habitats. *Env. Biol. Fish.* 68: 101-112.

Normandeau Associates, Inc. 2004. Recreational fishing survey of the Upper Niagara River, Draft. Niagara Power Project, Rep. N° 2216; 22 p.

Ogden J.C., 1977. Carbonate-sediment production by parrot fish and sea urchins on Caribbean reefs. *Stud. Geol.* 4: 281-288.

Öhman M.C., Rajasuriya A. & Svensson S., 1998. The use of butterflyfishes (*Chaetodontidae*) as bio-indicators of habitat structure and human disturbance. *Ambio.* 27: 708-716.

Ozesmi U. & Ozesmi S., 2004. Ecological models based on people's knowledge: a multi step fuzzy cognitive mapping approach. *Ecol. Model.* 17: 643-664.

Pastorok R.A. & Bilyard G.R., 1985. Effects of sewage pollution on coral reef communities. *Mar. Ecol. Progr. Ser.* 21: 175-189.

Paulay G., 1997. Diversity and distribution of reef organisms. *In*: Life and death of coral reefs, Birkeland (ed.): 298-373. Chapmanand Hall, London, UK.

Petersen D. & Tollrian R., 2001. Methods to enhance sexual recruitment for restauration of damaged reefs. *Bull. Mar. Sci.* 69: 989-1000.

Peterson B.J. & Fry B., 1987. Stable isotopes in ecosystems studies. *Am. Rev. Ecol. Syst.* 18: 293-320.

Peyrot-Clausade M., Le Campion-Alsumard T., Harmelin-Vivien M., Romano J-C., Chazotte V., Pari N., Le Campion J., 1995. La bioérosion dans le cycle des carbonates: essai de quantification des processus en Polynésie française. *Bull. Soc. Géol.* 166: 85-94.

Pichon M., 1995. Coral reef ecosystems. *In*: encyclopedia of environnemental biology. Academic Press: 425-443.

Pickering H. & Whitmarsh D., 1997. Artificial reefs and fisheries exploitation: a review of the 'attraction *versus* production' debate, the influence of design and its significance for policy. *Fish. Res.* 31: 39-59.

Piton B., 1989. Quelques aspects nouveaux sur la circulation superficielle du canal de Mozambique (Océan Indien). Doct. Scient. ORSTOM Brest, 31 p.

Polunin V.C, Graham, N., 2003. Review of the impact of fishing on coral reef fish populations. Western Pacific Regional Fishery Management Council.

Polunin N., Harmelin-Vivien M., Galzin R., 1995. Contrasts in food processing by five herbivorous coral-reef fishes. *J. Fish Biol.* 47: 455-465.

Quod J.P., 1999. Concequences of the 1998 coral bleaching event for the islands of the western Indian Ocean. *In:* Coral reef degradation in the Indian Ocean, CORDIO SAREC Marine Science Program, Stockholm Sweden: 53-59.

Randall J.E. & Anderson R.C., 1993. Annotated checklist of the epipelagic and shore fishes of Maldives Islands, J.L.B. Smith Institute of Ichtyology. *Ichtyol. Bul.* 59: 1-48.

Randall J.E., 1998. Zoogeography of shore fishes of the Indo-Pacific region. *Zool. Stud.* 37: 227-268.

Reese E.S., 1981. Predation on corals by fishes of the family Chaetodontidae: implications for conservation and management of coral reef ecosystems. *Bull. Mar. Sci.* 31(3): 594-604.

Richards J.A., 1999. Remote Sensing Digital Image Analysis. Springer-Verlag. (eds), Berlin, 240 p.

Risk 1998. The effects of interactions with reef residents on the settlement. *Env. Biol. Fish.* 51: 377-389.

Rissik D., Suthers I.M. & Taggart C.T., 1997. Enhanced zooplancton abundance in the lee of an isolated reef in the south Coral Sea: the role of flow disturbance. *J. Plankton Res.* 19: 1347-1368.

Roberts C.M., McClean C.J., Veron J.E., Hawkins J.P., Allen G.R., McAllister D.E., Mittermeir C.G., Schueler F.W., Spalding M., Wells F., Vynne C. & Werner T.B., 2002. Marine biodiversity hotspots and conservation priorities for tropical reefs. *Science* 295: 1280-1284.

Robertson D.R., 1988. Extreme variation in settlement of the Carribean triggerfish *Balistes vetula* in Panama. *Copeia* 3: 698-703.

Ruitton S., Francour P. & Boudouresque C.F., 2000. Relationships between Algae, Benthic Herbivorous Invertebrates and Fishes in Rocky Sublittoral Communities of a Temperate Sea (Mediterranean). *Estuar. Coas. Shelf Sc.* 50: 217-230.

Sale P.F, 1978. Coexistence of coral reef fishes- a lottery for living space. *Env.Biol.Fish.* 3(1): 85-102.

Salvat B. & Rives C., 2003. Le corail et les récifs coralliens. *Collect. Ouest-France. (ed.),* 32 p.

Samoilys, M., 1997. Underwater visual census surveys. In: Samoilys, ed. Manual for Assessing Fish Stocks on Pacific Coral Reefs. Department of Primary Industries, Townsville, Australia.

Sano M., Shimizu M. & Nose Y., 1984. Changes in structure of coral reef fish communities by destruction of hermatypic corals: observational and experimental views. *Pac. Sci.* 38(1): 51-79.

Schwarcz H.P., Gao Y., Campana S., Browne D., Knyf M. & Brand U., 1998. Stable carbon isotope variations in otoliths of Atlantic cod (*Gadus morhua*). *Can. J. Fish. Aquat. Sci.* 55: 1798-1806.

Shenker J.M., Maddox E.D., Wishinki E., Pearl A., Thorrold S.R. & Smith N., 1993. Onshore transport of settlement-stage Nassau grouper *Epinephelus striatus* and other fishes in Exuma Sound, Bahamas. *Mar. Ecol. Prog. Ser.* 98: 31-43.

Sheppard R.C., 1999. How large should my sample be? Some quick guides to sample size and power of tests. *Mar. Pollut. Bull.* 38(6): 439-447.

Smith L.D. & Hughes T., 1999. An experimental assessment of survival, re-attachment and fecundity of coral fragments. *J. Exp. Mar. Biol. Ecol.* 235: 147-164.

Smith M.M. & Heemstra P.C., 1986. Smith sea's fishes. Springer Verlag (ed.), Berlin.

Smith S.V., Kimmerer W.J., Laws E.A., Brock R.E. & Walsh T.W., 1981. Kaneohe Bay sewage diversion experiment: perspectives on ecosystem responses to nutritional pertubation. *Pac. Sci.* 35(4): 279-395.

Steneck R.S., 1988. Herbivory on coral reefs: a synthesis. *Proc. 6th Intern. Coral Reef Symp.* 1: 37-49.

Swearer S.E., Caselle J.E., Lea David W. & Warner R.R., 1999. Larval retention and recruitment in an island population of a coral reef fish. *Nature* 402: 799-802.

Sweatman H.P., 1983. Influence of conspecifics on choice of settlement sites by larvae of two pomacentrid fishes (*Dascyllus aruanus* and *D. reticulatus*) on coral reefs. *Mar. Biol.* 75: 225-229.

Taquet M., 2004. Le comportement agrégatif de la dorade doryphène (*Coryphaena hippurus*) autour des objets flottants. Thèse de doctorat de l'université Paris VI, 172p.

Thorrold S.R., Shenker J.M., Maddox E.D., Mojica R. & Wishinki E., 1994. Larval supply of shorefishes to nursery habitats around Lee Stocking Island, Bahamas. II. Lunar and oceanographic influences. *Mar. Biol.* 118: 567-578.

Tomascik T. & Sander F., 1987. Effects of eutrophication on reef-building corals. II: Structure of Scleractinian coral communities on fringing reefs, Barbados, West Indies. *Mar. Biol.* 94: 53-75.

Tomczak M. & Godfrey J.S., 1994. Regional Oceanography: an Introduction. Pergamon. 422p.

Underwood A.J., 1991. Beyond BACI: experimental designs for detecting human environmental impacts on temporal variations in national populations. *J. Mar. Fresh. Res.* 42 (5): 569-587.

Underwood A.J., 2000. Importance of experimental design in detecting and measuring stresses in marine populations. *J. Aquat. Ecos. Stress Recover.* 7: 3-24.

Vasseur P., Gabrié C. & Harmelin-Vivien M.L., 1988. Tuléar (S.W. de Madagascar) : mission scientifique préparatoire pour la gestion rationnelle des récifs coralliens et mangroves dont les mises en réserve. *Rap. EPHE*, 213 p.

Veron, J.E., 1986. Corals of Australia and the Indo-Pacific. Angus Robertson Publishers, Australia.

Villedieu C., Bigot L. & Tessier E., 2000. Software COREMO-I in western Indian Ocean Islands States. *Proc 9th Int Coral Reef Symp.* (résumé).

Victor B.C., 1986. Larval settlement and juvenile mortality in a recruitment-limited coral reef fish population. *Ecol. Monogr.* 56: 145-160.

Victor B.C., 1987. Growth, dispersal, and identification of planctonik labridé and pomicultrice reef-fish larvae in the eastern Pacific Ocean. *Mar. Biol.* 95: 145-152.

Victor B.C., 1991. Settlement strategies and biogeography of reef fishes. *In*: The Ecology of Fishes on Coral Reefs. P. F. Sale (ed.): 231-260. Academic Press, San Diego.

Wendling B., Dahalani Y., Descamp P., Priess K. & Thomassin B., 2000. Coral communities recovery at Mayotte Island (SW Indian Ocean) following the 1998 bleaching event and/or recent *Acanthaster* plagues. *9th Int. Coral Reef Symp.* (résumé).

Werner T.B. & Allen G.R., 1998. A rapid biodiversity assessment of the coral reefs of Milne Bay Province, Papua, New Guinea. RAP Working Papers 11, Conservation International, Washington, DC, 109 p.

Wexler M., 1994. The art of growing giant. *National Wildlife* 20-26.

White R.J., Prentice H.C. & Verwijst T., 1988. Automated image acquisition and morphometric description. *Can. J. Botany* 66: 450-459.

Williams D.McB., 1986. Temporal variation in the structure of reef slope fish communities (central Great Barrier Reef): short-term effect of *Acanthaster planci* infestation. *Mar. Ecol. Prog. Ser.* 28: 157-164.

Williams D.McB., 1986. Temporal variation in the structure of reef slope fish communities (central Great Barrier Reef): short-term effect of *Acanthaster planci* infestation. *Mar. Ecol. Prog. Ser.* 28: 157-164.

Williams D. McB, 1991. Patterns and processes in the distribution of coral reef fishes. *In:* The ecology of fishes on coral reef, Sale P.F. (ed.), Academic press: 437-474.

Williams I.D. & Polunin V.C., 2000. Differences between protected and unprotected reefs of the western Caribbean in attributes preferred by dive tourists. *Env. Conserv.* 27(4): 382-391.

Wilkinson C., 2002. Status of coral reefs of the world. C. Wilkinson (ed.), GCRMN, AIMS,Townsville, Australie.

Wilson D.T. & Meekan M.G., 2001. Environmental influences on patterns of larval replenishment in coral reef fishes. *Mar. Ecol. Prog. Ser.* 222: 197-208.

Wilson J. & Osenberg C.W., 2002. Experimental and observational patterns of density-dependent settlement and survival in the marine fish *Gobiosoma*. *Oecologia* 130: 205-215.

Yap H.T., Alino P.M. & Gomez E.D., 1992. Trends in growth and mortality of three coral species (Anthozoa: Scleractinia), including effects of transplantation. *Mar. Ecol. Prog. Ser.* 83: 91-101.

Liste des tableaux

Annexe 1 : Liste des publications

I. Revues à comité de lecture indexées (IF>0.5) [A]

[A1] Chabanet P. & Faure G., 1994. Interrelations entre peuplements benthiques et ichtyologiques en milieu corallien. *Comptes Rendus de l'Académie des Sciences, Paris*, III, 317: 1151-1157.

[A2] Chabanet P. & Letourneur Y., 1995. Spatial pattern of size distribution of four fish species on Reunion coral reef flats. *Hydrobiologia* 300/301: 299-308.

[A3] Chabanet P., Dufour V. & Galzin R, 1995. Disturbance impact on reef fish communities in Reunion Island (Indian Ocean). *Journal of Experimental Marine Biology and Ecology 188: 29-48.*

[A4] Chabanet P., Ralambondrainy H., Amanieu M., Faure G. & Galzin R., 1997. Relationship between coral reef substrata and fish. *Coral Reefs* 16: 93-102.

[A5] Letourneur Y., Chabanet P., Vigliola L. & Harmelin-Vivien M., 1998. Mass settlement and post-settlement mortality of *Epinephelus merra* (Pisces, Serranidae) on Reunion coral reefs. *Journal of the Marine Biological Association of the United Kingdom* 78: 307-319.

[A6] Chabanet P., Naim O., Gapper C., Kay T. & Choussy D., 1998. Restoration of a damaged coral reef flat on Reunion island by the removal of buddings of corals and their associated fish fauna: preliminary results. *American Zoologist* 37(5): 141.

[A7] Cuet P., Chabanet P., Conand C., Letourneur Y., Lison De Loma T., Mioche D., Naim O. & Semple S., 1998. Eutrophication on the St-Gilles la Saline reef complex (Reunion): a synthesis of pluridisciplinary works. *American Zoologist* 37(5): 604.

[A8] Peyrot-Claussade M, Chabanet P., Conand C., Fontaine M.F, Letourneur Y. & Harmelin-Vivien M., 2000. Sea-urchin and fish bioerosion in La Réunion and Moorea reefs. *Bulletin of Marine Science* 66(2): 477-485.

[A9] Chabanet P., 2002. Coral reef fish communities of Mayotte (western Indian Ocean) two years after the impact of the 1998 bleaching event. *Marine & Freshwater Research* 53: 107-113.

[A10] Tessier E., Chabanet P., Pothin K., Soria M. & Lasserre G., 2005. Visual census of tropical fish assemblages on artificial reef: slate *versus* video recording techniques. *Journal of Experimental Marine Biology and Ecology* 315(1): 17-30.

[A11] Chabanet P., Moyne-Picard M. & Pothin K., 2005. Cyclones as settlement vehicles for groupers. *Coral Reefs* 24: 138.

[A12] Chabanet P., Adjeroud M., Andréfouët S., Bozec Y.M., Ferraris J., Garcia-Charton J. & Shrimm M., 2005. Human-induced physical disturbances and indicators on coral reef habitats: a hierarchical approach. *Aquatic Living Ressources* 18: 215-230.

[A13] Pothin K., Gonzalez C., Lecomte-Finiger R. & Chabanet P., 2006. Distinction between *Mulloidichthys flavolineatus* recruits from Reunion and Mauritius Islands (SW Indian Ocean) based on otolith morphometrics. *Journal of Fish Biology* 69: 38-53.

[A14] Soria M., Fréon P. & Chabanet P. 2007. Schooling properties of obligate *versus* facultative schooler fish species. *Journal of Fish Biology* 71: 1257-1269.

II. Revues à comité de lecture indexées (IF<0.5) et non indexées [B]

[B1] Letourneur Y. & Chabanet P., 1993. Variations spatio-temporelles de l'ichtyofaune dans les récifs coralliens de Saint-Leu, Ile de La Réunion. *Cybium* 18(1): 25-38.

[B2] Chabanet P., Teissier E., Durville P., Mulocheau T. & René F., 2002. Peuplement ichtyologique des bancs de Geyser et Zélée (Océan Indien occidental). *Cybium* 26: 1-18.

[B3] Esbelin C., Ratsifandrihamanana F., Tourrand C., Chabanet P. & Naim O., 2002. Restauration d'un platier recifal dégradé par le biais de structures artificielles sous-marines. *Journal de La Nature* 14 (1): 59-64.

[B4] Roos D., Bertrand G., Chabanet P., Taquet M., Tessier E. & Guébourg J.L., 2002. La pêche sous-marine à la Réunion. *Journal de La Nature* 14 (1): 65-70.

[B5] Durville P., Chabanet P. & Quod J-P., 2003. Visual census of the reef fish in the natural reserve of the Glorious Islands (West Indian Ocean). *Western Indian Ocean Journal of Marine Sciences* 2: 95-104.

[B6] Letourneur Y., Taquet M., Chabanet P., Tessier E., Durville P., Parmentier M. & Pothin K., 2004. Annoted checklist of fishes of Reunion Island, southwestern Indian Ocean. *Cybium* 28(3): 199-216.

[B7] Pothin K., Tessier E., Chabanet P. & Lecomte-Finiger R., 2006. Passé larvaire de *Gnathodentex aureolineatus* (Poissons: Lethrinidae) par analyse de la microstructure des otolithes (SO Océan Indien). *Cybium* 30(1): 27-33.

[B8] Durville P., Chabanet P., 2009. Intertidal rockpool fish in the Glorieuses Islands (West Indian Ocean). *Western Indian Ocean Journal of Marine Sciences* 8(2): 231-237.

[B9] Chabanet P. & Durville P., 2006. Reef fish inventory of Juan de Nova's natural park (Western Indian Ocean). *Western Indian Ocean Journal of Marine Sciences* 4(2): 145-162.

III. Actes de colloques (proceedings) [C]

[C1] Conand C., Chabanet P., Cuet P. & Letourneur Y., 1997. The carbonate budget of a fringing reef in La Reunion Island (Indian Ocean): external bioerosion and benthic flux of CaCO3. *Proc. 8th International Coral Reef Symposium*, Panama, 1: 953-958.

[C2] Chabanet P., Bigot L., Naim O., Garnier R. & Moyne-Picard M., 2002. Coral reef monitoring at Reunion Island (Western Indian Ocean). *Proc. 9th International Coral Reef Symposium*, Bali, 2: 873-878.

[C3] Naim O., Chabanet P., Done T. & Tourrand C., 2002. Reef regeneration 11 years after the impact of the cyclone Firinga (Reunion, SW Indian Ocean). *Proc. 9th International Coral Reef Symposium*, Bali, 2: 547-554.

[C4] Tessier E. & Chabanet P. Using video for estimating fish post larvae abundance after mass installation on artificial reefs. *Proc. 10th International Coral Reef Symposium*, Japon (sous presse).

[C5] Conruyt N., Grosser D., Geynet Y., Faure G., Pichon M., Trentin F., Gravier-Bonnet N., Chabanet P., Senteni A. & Torrens V. Virtual Research and Learning Community: co-design of knowledge bases in marine biology, applied to corals of the Mascarene Archipelago and to fishes and hydroids of Reunion coral reefs. *Proc. 10th International Coral Reef Symposium*, Japon (sous presse).

IV. Ouvrages, chapitres d'ouvrages [O]

[O1] Conand C., Chabanet P., Bigot L & Quod J-P., 1998. Suivi de l'état de santé des récifs coralliens du sud-ouest de l'Océan Indien. Manuel méthodologique. Programme Régional Environnement COI, 27 p.

[O2] Conand C., Chabanet P., Bigot L. & Quod J-P., 2000. Guideliness for coral reef monitoring in the South West region of the Indian Ocean. PRE/COI, 27 p.

V. Résumés de communications et posters (conférences) [R]

[R1] Chabanet P., 1992. Comparison of coral reef fishes between two sectors (non-disturbed and disturbed) in St-Gilles/La Saline fringing reef (Reunion Island). *7th International Coral Reef Symposium*, Guam (poster).

[R2] Chabanet P. & Letourneur Y., 1993. Estimating coral reef fish size using a new method. *2nd International Limnol. Oceanogr. Congress*, Evian (communication).

[R3] Letourneur Y. & Chabanet P., 1993. Spatial and temporal fluctuations of the ichtyofauna of coral reef flats of St Leu (Reunion Island, South West Indian Ocean). *2nd International Limnol. Oceanogr. Congress*, Evian (communication).

[R4] Chabanet P., 1995. Structure et évolution des formations récifales de La Réunion et principales causes de leur dégradation. Actes du *Séminaire sur la "protection des zones côtières »*. Université de l'Océan Indien, C.O.I., Mahé, Seychelles (communication)

[R5] Chabanet P., Join J.L., Cuet P. & Naim O., 1995. Spatial variability in submarine groundwater discharge (SGD) occurrence and benthic and fish communities patterns on St-Gilles / la Saline reef: a tentative interpretation through an hydrogeological model (Reunion island). *Internat. Soc. Reef Stud., Ann. Meeting Newcastle* (communication).

[R6] Chabanet P., 1997. Reseach of bioindicators in St-Gilles/La Saline fringing reef (Reunion island). *8th International Coral Reef Symposium*, Panama (poster).

[R7] Conand C., Chabanet P., Cuet P. & Letourneur Y., 1997. The carbonate budget of a fringing reef in La Reunion Island (Indian Ocean): external bioerosion and benthic flux of $CaCO_3$. *8th International Coral Reef Symposium*, Panama (communication).

[R8] Chabanet P., Naim O., Gapper C., Kay T. & Choussy D., 1998. Restoration of a damaged coral reef flat on Reunion island by the removal of buddings of corals and their associated fish fauna: preliminary results. Annual meeting of the Society for Integrative and Comparative Biology, Boston (poster).

[R9] Cuet P., Chabanet P., Conand C., Letourneur Y., Lison De Loma T., Mioche D., Naim O. & Semple S., 1998. Eutrophication on the St-Gilles la Saline reef complex (Reunion): a synthesis of pluridisciplinary works. Annual meeting of the Society for Integrative and Comparative Biology, Boston (poster).

[R10] Chabanet P., Teissier E., Durville P., Mulocheau T. & René F, 1998. Fish communities on Geyser and Zélée banks (western Indian ocean). *Internat. Soc. Reef Stud., Ann. Meeting Perpignan* (poster).

[R11] Chabanet P., Bigot L., Naim O., Garnier R. & Moyne-Picard M., 2000. Coral reef monitoring at Reunion island (Western Indian Ocean). *9th International Coral Reef Symposium*, Bali (communication).

[R12] Naim O., Chabanet P., Done T. & Tourrand C., 2000. Reef regeneration 11 years after the impact of the cyclone Firinga (Reunion, SW Indian Ocean). *9th International Coral Reef Symposium*, Bali (communication).

[R13] Chabanet P., 2001. Coral reef fish communities of Mayotte. *6th Indo-Pacific Fish Conference*, Durban (communication).

[R14] Esbelin C., Chabanet P., Naim O., Ratsifandrihamanana F. & Tourrand C., 2001. Restauration d'un platier récifal corallien dégradé à la Réunion. Colloque « Recréer la nature : réhabilitation, restauration et création d'écosystèmes » (poster).

[R15] Lacour F., Chabanet P., Tessier E., Soria M. & Jouvenel J.Y., 2001. Elaboration of a protocol for counting fish on artificial reefs (Reunion Island, western Indian Ocean). *6th Indo-Pacific Fish Conference*, Durban (communication).

[R16] Lison de Loma T., Cuet P., Chabanet P., Mioche D., Naim O. & Conand C., 2001. Functioning of coral reefs: eutrophication, reinjection and regeneration of nutrients on the St-Gilles La Saline reef complex (La Réunion). Journée de la recherche, 11-12 avril 2001, Port Louis, Ile Maurice (communication et poster).

[R17] Tessier E. & Chabanet P., 2004. The usefulness of video to census massive fish recruitment. *10th International Coral Reef Symposium*, Japon (poster).

[R18] Pothin K., Chabanet P., Lecomte-Finiger R. & Quod J-P., 2004. Are recruits within a massive recruitment from the same origin? *10th International Coral Reef Symposium, Japon* (poster).

[R19] Quod J-P., Bigot L., Blanchot J., Chabanet P., Durville P. & Wendling B., 2004. Coral reefs of the natural reserve of the Glorieuses Islands (Mozambique Channel, Western Indian Ocean). *10th International Coral Reef Symposium*, Japon (poster).

[R20] Kulbicki M., Andréfouët S., Chabanet P., Clua E., Ferraris J., Galzin R., Green A., Kronen M., Labrosse P., Mouthan G., Samasoni S., Vigliola L. & Wantiez L., 2004. Interactions between regional and local factors in determining the local diversity of reef fishes in the Pacific. *10th International Coral Reef Symposium*, Japon (poster).

[R21] Kulbicki M., Andréfouët S., Chabanet P., Clua E., Ferraris J., Galzin R., Green A., Kronen M., Labrosse P., Mouthan G., Samasoni S., Vigliola L. & Wantiez L., 2004. Relationships between local diversity, biomass and density according to regional and local factors for Pacific Ocean reef fishes. *10th International Coral Reef Symposium*, Japon (poster).

[R22] Vigliola L., Andréfouët S., Chabanet P., Clua E., Ferraris J., Friedman K., Galzin R., Green A., Kronen M., Kulbicki M., Labrosse P., Magron F., Mouthan G., Sauni S. & Wantiez L., 2004. Combining geography, ecology and socio-economy for sustainable management of coral reef fisheries in the South Pacific. *10th International Coral Reef Symposium*, Japon (communication).

[R23] Conruyt N., Grosser D., Geynet Y., Faure G., Pichon M., Gravier-Bonnet N., Chabanet P., Hallot F., Senteni A., Le Renard J., Tricart S., Santally M. & Cooshna D., 2004. Co-design of knowledge bases in marine biology: application to corals of the Mascarene Archipelago and to fishes and hydroids of Reunion coral reefs. *10th International Coral Reef Symposium*, Japon (poster).

[R24] Pothin K., Lecomte-Finiger R., Chabanet P. & Quod J-P, 2004. Aspects of the early life, age and growth of *Mulloidichthys flavolineatus* in the Indian Ocean (Mauritius Island and Reunion Island). *3rd International Symposium on Fish Otolith Research and Application*, Townsville (poster).

[R25] Cornuët N., Andrefouët S., Kulbicki M., Chabanet P., 2005. Predicting fish communities distribution using high resolution satellite images in coral reef environment. *International Conference on Remote Sensing for Marine and Coastal Environments*, Canada (communication).

[R26] Kulbicki M., Chabanet P., Ferraris J., Galzin R., Vigliola L. & Wantiez L., 2005. Coral reef fish biodiversity and ecosystem management in the South Pacific. *Conference Internernationale Biodiversité : science et gouvernance*, UNESCO, Paris (poster).

[R27] Lison de Loma T., Chabanet P., Melin C., Ferraris J., Galzin R., Harmelin-Vivien M., 2005. Long term spatio-temporal variations of reef fish communities in the lagoon of Tikehau (French Polynesia), an extensively fished atoll. *7th Indo-Pacific Fish Conference*, Taïwan (poster).

[R28] Pothin K., Lecomte-Finiger R., Tessier E., Chabanet P., 2005. Traits of early life history of *Lutjanus kasmira* at Reunion Island (SW Indian Ocean). *7th Indo-Pacific Fish Conference*, Taïwan (communication).

[R29] Tessier E., Devakarne J., Chabanet P., Soria M., Potin G., 2005. Behaviour and spatial dynamic of *Lutjanus kasmira* around a coastal FAD. *7th Indo-Pacific Fish Conference*, Taïwan (communication).

[R30] Soria M., Potin G., Tessier E., Chabanet P., Taquet M. & Timko M., 2005. Behaviours and spatial dynamics of schooling fish around a coastal FAD. *6th Conference on Fish Telemetry*, Portugal (communication).

[R31] Chabanet P., Baillon N., Ferraris J., Guillemot N., Kulbicki M., Mou-Tham G., Poignonec D., Sarramégna S., Vigliola L, 2005. A cost-benefit analysis for monitoring the impact of an anthropogenic disturbance on traditionally-managed coral reef ecosystem in a rural area of a South Pacific island (New-Caledonia). *7th Indo-Pacific Fish Conference*, Taïwan (communication).

[R32] Pothin K., Blamart D., leconte-Finiger R., Chabanet P., 2005. Spatial and ontogenic variations in isotopic compositions of coral reef fish otoliths (SW Indian Ocean). *4th WIOMSA Scientific Symposium*, Maurice (communication).

[R33] Bruggemann H., Guillaume M. Bigot L., Chabanet P., Durville P., Mulochau T. & Tessier E., 2005. Effects of the future marine reserve at Reunion Island: monitoring methods and power to detect temporal changes in coral reef communities related to management. *4th WIOMSA Scientific Symposium*, Maurice (communication).

Divers - CDROM – Film [D]

[D1] CDROM : « Suivi des récifs coralliens », 2000. Bigot L., Chabanet P., Charpy L., Conand C. Quod J-P., Tessier E. Programme Regional Environnement Commission de l'Océan Indien, Union Européenne (PR-COI/UE).

[D2] CDROM « Vie récifale à la Réunion », 2002. Production ECOMAR, IREMIA. Programme ETIC (Eduquer aux Technologies de l'Information et de la Communication).

[D3] DVD « Juan de Nova, l'île de corail », 2004. Tec-Tec Production, ARTE, FR5, IRD. Responsabilité scientifique. Palme d'argent catégorie « professionnel » au festival international de l'image sous-marine (Antibes, novembre 2004), prix de la Fédération Française de Plongée sous-marine au Festival International du film Maritime, d'Exploration et d'Environnement (Toulon, octobre 2005) et prix du public au Festival « 7ème art et Sciences » (Noirmoutier, avril 2006).

[D4] DVD «corail.nc», 2005. Production Videoplancton. Responsabilité scientifique. Prix spécial du jury au festival international de l'image sous-marine (Antibes, novembre 2005).

[D5] DVD « Les récifs coralliens : trésor en péril ! », 2005. « C'est pas sorcier », Production FR3. Responsabilité scientifique.

Annexe 2 : AFC sur poissons Mayotte - Correspondance code - espèces

ESPECES	CODES	ESPECES	CODES	ESPECES	CODES
A. leucosternon	acleu	Coris aygula	coayg	Pomacentrus baenschi ?*	pobae
A. meleagrides	anmeg	Coris caudimacula	cocau	Pomacentrus pavo	popav
A. nigricauda	acngc	Corythoichtys cf flavo	cofla	Pomacentrus sp juv	pomjuv
A. nigrofuscus	acnfu	Cteno. striatus	ctstt	Priacanthus hamrur	prham
A. sqamipinnis	ansqu	Cteno. strigosus	Ctstg	Pseudoch. hexataenia	pshex
A. tennenti	acten	D. carneus	dacar	Ptereleotris evides	ptevi
A. thompsoni	actho	D. trimaculatus	datri	Pterocaesio marri	ptmar
A. triostegus	actri	Dascyllus aruanus	daaru	Pterocaesio tile	pttil
A. xanthopterus	acxan	Decapterus sp	decap	Pterois volitans	ptvol
Abudefduf sexfasciatus	absex	E. fasciatus	epfas	Pygoplites diacanthus	pydia
Abudefduf sparoides	abspa	E. malabricus	epmal	R. rectangulus	rhrec
Abudefduf vaigiensis	abvag	E. rivulatus	epriv	Rhinecanthus aculeatus	rhacu
Acanthurus bariene	acbar	E. tauvina	eptau	S. chrysopterus	suchr
Acanthurus lineatus	aclin	Echidna nebulosa	ecneb	Scarus adultes	scadu
Aethaloperca rogaa	aerog	Epibulus insidiator	epins	Scarus sordidus	scsor
Amanses scopas	amsco	Epinephelus hexagonatus	ephex	Scarus ssp juv	scjuv
Amblyglyphidodon leucogaster	amleu	Epinephelus merra	epmer	Siganus luridus	sigli
Amphiprion akallopisos	amaka	Exallias brevis	exbre	Siganus sp	sigsp
Amphiprion allardi	amall	Fistularia petimba	fipet	Siganus stellatus	sigst
Amphiprion latifasciatus	amlat	Forci. longirostris	folon	Siganus sutor	sigsu
Anampses coeruleo.	ancoe	Gnathodentex aureo	gnaur	Sphyraena sp	sphsp
Anampses melanurus	anmel	Gomphusus coeru.	gocoe	Stegastes lividus	stliv
Anampses twistii	antwi	Gomphusus varius	govar	Stegastes nigricans	stnig
Anthias cooperi	ancoo	Gymnosarda unicolor	gyuni	Stegastes pelicieri	stpel
Anyperodon leucogrammicus	anleu	Gymnothorax javanicus	gyjav	Stethojulis albovittata	stalb
Aphareus furca	apfur	H. hortulanus	hahor	Sufflamen bursa	subur
Apolem. trimaculatus	aptri	H. scapularis	hasca	Synodus variegatus	syvar
Aprion virescens	apvir	Halich. cosmetus	hacos	T. scapularis	thsca
Arothron mappa	armap	Halichoeres marginatus	hamar	Thalassoma ambly.	thamb
Arothron nigropunctatus	arnig	Hemigym. fasciatus	hefas	Thalassoma genivittatum	thgen
Aulostomus chinensis	auchi	Hemigymnus melapterus	hemel	Thalassoma hardiwicke	thhar
Balistapus undulatus	baund	Hemitaurichthys zoster	hezos	Thalassoma hebraicum	thheb
Balistoides conspicillum	bacon	Heniochus acuminatus	heacu	Thalassoma lunare	thlun
Balistoides viridescens	bavir	Heniochus monoceros	hemon	Thalassoma purpureum	thpur
Bodianus anthioides	boant	Hologymnosus annulatus	hoann	Valencianna strigata	vastr
Bodianus axillaris	boaxi	Kyphosus sp	kypsp	Variola louti	valou
Bodianus bilunulatus	bobil	Kyphosus vaigiensis	kyvai	Zanclus canescens	zacan
Bodianus diana	bodia	L. mahsena	lemah	Zebrasoma scopas	zesco
C. acanthops	ceaca	L. rivulatus	leriv	Zebrasoma veliferum	zevel
C. atripectoralis	cratr	Labroides bicolor	labic		
C. bennetti	chben	Labroides dimidiatus	ladim		
C. boenak- nigripinnis	ceboe	Labropsis xanthonata	laxan		
C. dimidiata	crdim	Lethrinus harak	lehar		
C. falcula	chfal	Lethrinus sp	letsp		
C. fasciatus	chfas	Liza vaigiensis	livai		
C. guttatissimus	chgut	Lutjanus bohar	luboh		
C. kleinii	chkle	Lutjanus gibbus	lugib		
C. leopardus	celeo	Lutjanus kashmira	lukas		
C. lunula	chlun	Macolor niger	manig		
C. madagascariensis	chmad	Macropharygodon bipartitus	mabip		
C. melannotus	chmel	Meiacanthus mossambicus	memos		
C. meyeri	chmey	Melichthys niger	menig		
C. miniata	cemin	Monotaxis grando	mogra		
C. nigrura	crnig	Mulloides flavolineatus	mufla		
C. opercularis	crope	N. unicornis	nauni		
C. ternatensis	crter	N. vlamingi	navla		
C. trifascalis	chtrl	Naso brachycentron	nabra		
C. trifasciatus	chtrf	Naso brevirostris	nabre		
C. trilobatus	chtri	Naso hexacanthus	nahex		
C. unimaculatus	cruni	Naso litturatus	nalit		
C. urodeta	ceuro	Nema. magnifica	nemag		

www.ingramcontent.com/pod-product-compliance
Lightning Source LLC
Chambersburg PA
CBHW021056210326
41598CB00016B/1221